Jure Beljo

Atlas da Viticultura e do Vinho da Bósnia e Herzegovina

Jure Beljo

Atlas da Viticultura e do Vinho da Bósnia e Herzegovina

ScienciaScripts

Imprint
Any brand names and product names mentioned in this book are subject to trademark, brand or patent protection and are trademarks or registered trademarks of their respective holders. The use of brand names, product names, common names, trade names, product descriptions etc. even without a particular marking in this work is in no way to be construed to mean that such names may be regarded as unrestricted in respect of trademark and brand protection legislation and could thus be used by anyone.

Cover image: www.ingimage.com

This book is a translation from the original published under ISBN 978-3-330-35184-4.

Publisher:
Sciencia Scripts
is a trademark of
Dodo Books Indian Ocean Ltd. and OmniScriptum S.R.L publishing group

120 High Road, East Finchley, London, N2 9ED, United Kingdom
Str. Armeneasca 28/1, office 1, Chisinau MD-2012, Republic of Moldova, Europe
Printed at: see last page
ISBN: 978-620-7-65515-1

Prefácio

Até à data, foram escritas muitas publicações sobre viticultura e vinificação na Bósnia e Herzegovina, mas esta é a primeira publicação que abrange uma gama tão vasta de tópicos neste domínio. O livro que tem diante de si, Atlas da Viticultura e do Vinho da Bósnia e Herzegovina, é o resultado dos esforços do projeto de recolha e preservação de castas autóctones, conduzido pela Faculdade de Agricultura e Tecnologia Alimentar da Universidade de Mostar. O objetivo do projeto era recolher todas as variedades autóctones de videiras existentes, plantá-las numa única plantação de recolha e mantê-las aí. Os membros do projeto Jure Beljo, Marijo Leko e Ana Mandic (Sabljo) inspeccionaram toda a área vitícola da Herzegovina e conseguiram recolher mais de 30 variedades com o apoio incondicional de alguns agrónomos, viticultores e associações. Em 2014, todas as variedades foram enxertadas no mesmo porta-enxerto e plantadas no campo de ensaio da Faculdade de Agricultura e Tecnologia Alimentar em Rodoc, onde serão mantidas.

O projeto foi conduzido com o apoio do Ministério Federal da Educação e Ciência, Ministério Federal da Agricultura, e recebemos o maior apoio financeiro e técnico do governo norueguês. No âmbito do programa de apoio aos países do Sudeste Europeu, através da Universidade Norueguesa de Ciências da Vida (NMBU), Departamento de Estudos Internacionais do Ambiente e Desenvolvimento (Noragric), o governo norueguês apoiou a implementação de dois dos nossos projectos: *Recursos Genéticos Vegetais*, como parte do projeto *Saúde Vegetal e Recursos Genéticos no Sudeste da Europa* (2006 - 2009), e o pacote de trabalho *Preservação da biodiversidade e identificação genética da videira e de algumas culturas frutícolas na Bósnia-Herzegovina*, como parte do projeto Proporcionar diversidade genética e plantas saudáveis para a horticultura na Bósnia-Herzegovina (HERD 2010 - 2014). Nestes projectos, tivemos uma cooperação particularmente boa com colegas que eram coordenadores de projectos: Aasmund Asdal (Centro Norueguês de Recursos Genéticos), Dag-Ragnar Blystad (Bioforsk), e Thor Larsen e Mensur Vegara da Universidade de Ciências da Vida, As". Este projeto não poderia ter sido realizado sem a sua assistência e o apoio financeiro do governo norueguês, pelo qual, também desta vez, lhes manifestamos o nosso apreço.

O atlas é o resultado do esforço de um grande número de colaboradores. No total, são *12 os* autores dos textos. Todos eles são especialistas de renome no seu domínio, a saber: Jure Beljo, Tatjana Jovanovic-Cvetkovic, <u>Radoslav Dodig,</u> Mladen Gaspar, Marko Ivankovic, Adnan ef. Jakirovic, Vikor Lasic, Marijo Leko, Ana Mandic, fra Andrija Nikic, Tihomir Prusina, Marin Sivric.

Todos eles merecem ser reconhecidos pelos esforços que desenvolveram e, sobretudo, Ana Mandic e Marijo Leko, que são também, de alguma forma, coeditores. Os agradecimentos são devidos aos revisores do livro, Ivan Pejic, Hivzo Pedisa e, especialmente, Dragutin Mijatovic, que fez as suas revisões de tal forma que pode ser considerado um coautor. Contribuições consideráveis para o livro foram dadas por Goran Cavar, que editou as fotografias e organizou as imagens das variedades, e Ivica Beljo, que foi o editor de texto. Devemos também mencionar os grandes esforços do tradutor Goran Samo. Todos eles merecem crédito pela produção desta obra e a todos eles estendemos a nossa gratidão.

ÍNDICE

INTRODUÇÃO

> Noé, um agricultor, plantou
> uma vinha O Livro do
> Génesis (9.20)

A vinha e o vinho são parte integrante da civilização humana desde a préhistória até aos nossos dias. A uva é a cultura de frutos mais importante do mundo. É cultivada em diversas condições climatéricas, mas é sobretudo uma cultura da zona de clima temperado. Segundo a Bíblia, após o fim do dilúvio, foram as videiras de todas as espécies cultivadas que Noé plantou primeiro. As uvas e o vinho são mencionados na Bíblia em muitos sítios e com diferentes conotações. Embora o consumo de álcool seja proibido no Islão, o Corão menciona as videiras, e alguns países nitidamente islâmicos são grandes produtores de uvas.

A videira é uma planta divina e o vinho é uma bebida divina desde a antiguidade. A videira é uma das raras espécies cultivadas que tem a sua divindade. Na Grécia era Dionísio e em Roma Liber. Segundo a lenda, Dionísio descobriu a cultura do vinho e o método de produção deste sumo divino. Dionísio passou a gostar desta planta nobre e da bebida inebriante que dela se fazia. Continuou a dar mudas de videira às pessoas e a ensiná-las a produzir vinho. Por isso, Zeus proclamou-o deus do vinho e da viticultura.

Embora as vinhas, ou uvas, sejam utilizadas principalmente para a produção de vinho e aguardente, as uvas têm uma vasta aplicação e são utilizadas para vários outros fins. As uvas podem ser consumidas frescas como uvas de mesa, podem ser utilizadas para secagem e produção de passas, para preparação de sumo fresco ou concentrado. Numa parte da Herzegovina, o mosto é utilizado para a preparação de uma geleia muito saborosa, a chamada "chufter". Além disso, é possível produzir óleo a partir de grainhas de uva, e os pigmentos antocianinas são produzidos a partir da pele das variedades vermelhas. Em alguns países islâmicos, grandes produtores de uvas, como a Turquia, o Irão e o Egipto, as uvas são quase exclusivamente utilizadas para a produção de produtos não alcoólicos.

A Bósnia e Herzegovina tem uma tradição milenar de cultivo de uvas, mas, em comparação com outros países vitivinícolas, as áreas plantadas com vinha são pequenas. Na época pré-otomana, as videiras eram cultivadas em grandes áreas, não só na Herzegovina mas também na Bósnia e, de acordo com os dados disponíveis, nessa altura havia mais videiras na Bósnia do que na Herzegovina. Mas, durante os últimos séculos, a viticultura na Bósnia desapareceu e a cultura da vinha manteve-se na Herzegovina, pelo que, atualmente, falar de viticultura da Bósnia e Herzegovina significa falar apenas de viticultura da Herzegovina.

No entanto, em algumas zonas do norte da Bósnia, as condições climáticas e pedológicas são marcadamente favoráveis à cultura da uva e, com a seleção de variedades e porta-enxertos adequados, a viticultura pode ser novamente desenvolvida nesta zona. Isto já se manifesta porque as videiras têm vindo a espalhar-se cada vez mais por esta área nos últimos quinze anos, atualmente sobretudo na região de Banja Luka, em torno de Laktasi, Banja Luka, Gradiska, Celinac e Prnjavor. Estão já a ser criadas novas adegas e os vinhos do norte da Bósnia estão gradualmente a chegar ao mercado. A região do norte da Bósnia tem também um elevado potencial para a produção de uvas de mesa, uma vez que essa produção seria facilitada pelas suas condições agroecológicas e capacidades fundiárias. Tem havido um grande desequilíbrio entre a produção e o consumo de uvas de mesa na Bósnia e Herzegovina, e esta zona poderia ser uma fonte de redução desse desequilíbrio.

São sobretudo as castas autóctones que são cultivadas na região da Herzegovina, as castas que, ao longo de séculos de cultivo, se adaptaram ao terroir em que melhor exprimem as suas características e potencialidades varietais. Nas condições ambientais da Herzegovina, estas castas dão origem a vinhos de excelente qualidade e com características organolépticas reconhecíveis. É por isso que os vinhos herzegovinianos Zilavka e Blatina são conhecidos e reconhecidos em todo o mundo, desde a Corte de Viena até ao remoto Japão. O Blatina da Herzegovina foi mesmo vendido como vinho medicinal nas farmácias do Brasil após a Primeira Guerra Mundial, de acordo com um relatório da época. Por conseguinte, não é de surpreender que o Zilavka e o Blatina tenham sido protegidos como vinhos famosos de origem geográfica no final da década de 1960 e início da década de 1970, sendo os primeiros vinhos continentais a obter essa proteção no antigo Estado.

A produção de vinho está a tornar-se uma parte cada vez mais importante da economia da Bósnia e Herzegovina. Durante o antigo sistema socialista, existiam cinco adegas em toda a Bósnia e Herzegovina, todas elas propriedade do Estado, como parte da empresa Hepok. Uma vez que a maioria das vinhas era propriedade de pequenos produtores, a maior parte das uvas era transformada em pequenas adegas privadas sem orientação profissional, o que resultava numa qualidade de vinho inconsistente e por vezes inferior. Nos últimos vinte anos, foi criado um grande número de adegas privadas de diferentes capacidades. Todas elas dispõem de equipamento e tecnologia de produção modernos que garantem a produção de vinhos de qualidade superior. Para além dos famosos vinhos Zilavka e Blatina, existem também novos produtos vinícolas, a gama de oferta expande-se para satisfazer o mercado cada vez mais exigente, o que constitui uma boa base para aumentar também as exportações. Uma produção vinícola bem organizada pode ter um efeito positivo na melhoria da viticultura, o que, por sua vez, pode aumentar significativamente as taxas de emprego e melhorar a economia nas zonas rurais.

Para os viticultores da Herzegovina, a vinha é mais do que uma planta vulgar e o vinho é mais do que um produto agrícola comum. Na nossa região, o vinho é considerado um género alimentício. Não é possível imaginar uma boa refeição sem vinho, e cantam-se canções populares para celebrar o vinho na nossa região. As videiras, e especialmente os vinhos Zilavka e Blatina, tornaram-se uma marca registada da Herzegovina. Em cada município onde se cultivam uvas, há pelo menos um evento vitícola e vinícola ou uma festa popular que celebra as uvas e o vinho. Embora a globalização geral introduza cada vez mais tecnologia industrial com grandes adegas no sector vitivinícola da Herzegovina, os herzegovinos não abandonam a prática de fazer o seu próprio vinho. Cada viticultor tem a sua própria adega e produz vinho para as suas próprias necessidades. Sem a sua própria adega e o seu vinho, o viticultor da Herzegovina sentir-se-ia muito mais pobre. Nas relações económicas e nos custos de produção actuais, o cultivo de vinhas em pequenas parcelas, que predomina na Herzegovina, e a produção de vinho a partir de uvas provenientes dessas parcelas não podem, definitivamente, ser rentáveis. Mas isso não significa nada para os viticultores herzegovinos. Eles cultivarão uvas e produzirão o seu próprio vinho, independentemente do preço que isso lhes custe. É que a maior parte dos pequenos viticultores dedica-se à viticultura por amor e não por uma questão de lucro. Que esta monografia seja também uma modesta prenda para os viticultores bósnios e herzegovinos e para o seu amor por esta cultura divina.

CAPÍTULO 1

ORIGEM E PROPAGAÇÃO DA VIDEIRA

Evolução e domesticação da videira

Jure Beljo

De acordo com a classificação sistemática, a videira faz parte da família *Vitaceae*, que é constituída por 14 géneros e mais de 1000 espécies. O único género que tem importância agrícola é o *Vitis*. O género *Vitis* está dividido em dois subgéneros: *Muscadinia* 2n = 6x = 40, e *Euvitis* 2n = 6x = 38, que contém a espécie cultivada *Vitis vinifera*. O género inteiro tem um grande número de espécies em três centros de diversidade genética diferentes:: Leste Asiático, Europeu e médio asiático, e Americano. O grupo da Ásia Oriental inclui cerca de 40 espécies na vasta região da China, Japão e a sul de Java (Alleweldt et al., 1990). A mais conhecida entre elas é a *V. amurensis*, que não é cultivada; no entanto, é utilizada como alimento, sumo ou geleia em algumas partes da China e do Japão (Huang, 1980). O grupo da Europa e da Ásia Central é constituído por apenas uma espécie, *V. vinifera* L., que tem dois subgéneros: *V. vinifera* subespécie *sativa* e *V. vinifera* subsp. *sylvestris* Gmel. O grupo americano do género *Vitis* inclui cerca de trinta espécies e híbridos interespecíficos, sendo as mais conhecidas *V. aestivalis, V. berlandieri, V. cinerea, V. labrusca, V, riparia e V. rupestris.* Algumas espécies americanas, como a *V. labrusca,* conhecida como uva-raposa, foram domesticadas quando os europeus chegaram ao Novo Mundo, enquanto outras foram utilizadas para cruzamento com a *V. vinifera* para produzir híbridos resistentes à filoxera. Embora a videira seja considerada e se comporte como diploide, é um poliploide antigo, pois contém seis genomas. Foi desenvolvida através do cruzamento de três progenitores diplóides diferentes. O número inicial de cromossomas era de 6 ou 7 e o resultado foi a diploidização (Briggs e Walters, 1986) (Figura 1.)

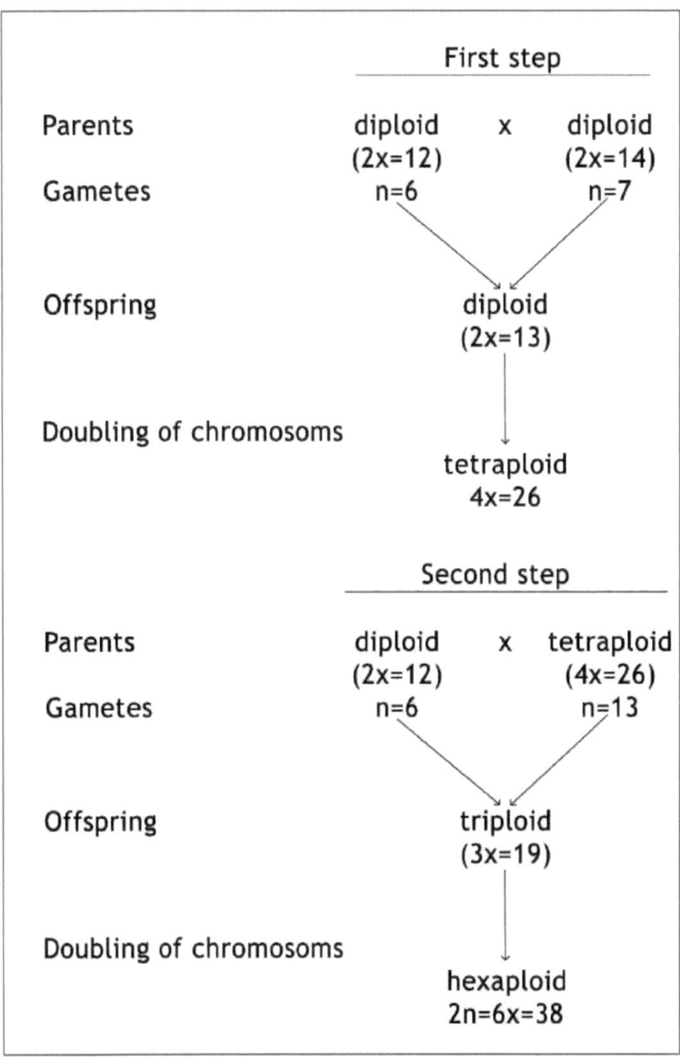

Figura 1. Evolução da videira

A domesticação da videira começou no Neolítico, entre 6.500 e 6.000 a.C. (McGovern, 2003). A domesticação da videira (*V. vinifera*) é geralmente considerada como tendo começado no Sul do Cáucaso (Zohary e Siegel-Roy, 1975, Jackson, 1994), na atual Geórgia, Arménia e Azerbaijão, de onde se espalhou para a Europa e Norte de África. No entanto, existem dúvidas sobre a origem da domesticação. Há alegações de que a domesticação também ocorreu de forma independente em Espanha (Nunez e Walker, 1989). *A V. vinifera* ssp. *sylvestris* tinha uma vasta área geográfica e as populações selvagens eram provavelmente utilizadas como fonte de alimento nessas áreas. Análises genéticas de cultivares europeias de videira mostraram que todas as populações de *V. vinifera* são geneticamente mais próximas do tipo oriental de *V. sylvestris do* que do ocidental (Myles et al., 2011). Mas a análise de microssatélites de cloroplasto de algumas cultivares da Europa Ocidental mostrou diferenças significativas em relação às variedades do Cáucaso e do Médio Oriente, o que corroboraria a teoria de dois locais de domesticação, ou pelo menos centros de diversidade (Arroyo-Garcia et al., 2006, Imazio et al., 2006). Resultados recentes, utilizando 6000 marcadores SNP distribuídos pelo genoma da uva, deram um forte apoio à teoria de uma origem da videira no Médio Oriente, mas também revelaram um fluxo genético limitado entre *a V. vinifera* ssp. *sylvestris* ocidental e a *V. vinifera* (Myles et al., 2011).

A teoria da domesticação da videira na região montanhosa entre o Mar Negro e o Mar Cáspio está próxima da chamada "hipótese de Noé". É assim chamada porque, segundo a Bíblia, Noé plantou a videira pela primeira vez depois de ter parado nas montanhas do Ararat (Génesis 8.4 e 9.20). O relato bíblico da origem coincide com uma versão posterior na epopeia de Gilgamesh. A análise genética de algumas variedades modernas da Geórgia com as variedades europeias mais conhecidas, Pinot Noir, Syrah e Nebbiolo, demonstrou a sua grande proximidade. Este facto constituiria uma prova de que a videira é originária dessa zona, o que coincide com a "hipótese de Noé" (http://winestory.com/2i.html). Deve dizer-se que todas as línguas indo-europeias têm nomes semelhantes para o vinho, o que é indicativo da origem comum da videira.

Estudos recentes de ADN microssatélite de mais de 100 cultivares da Grécia,

Croácia, norte de Itália, Áustria, Alemanha, França, Espanha e Portugal mostraram que a videira de cada região era geneticamente distinta, o que implica que a componente selvagem de cada área contribuiu para a formação do genótipo ou foi domesticada separadamente. Os resultados mostraram, no entanto, que a videira nobre foi introduzida a partir do seu centro de origem em torno do Mar Negro e subsequentemente cruzada com videiras selvagens locais.

Existem várias propriedades morfológicas e bioquímicas associadas à evolução e domesticação da *V. vinifera* que contribuíram para a formação da videira tal como a conhecemos atualmente. Uma das principais alterações genéticas na domesticação da videira foi a sua transição da dioicia para a monoicia e o hermafroditismo. Todas as outras espécies do género *Vitis*, incluindo a *V. sylvestris,* são dióicas; podem ser masculinas ou femininas, e só em casos raros bissexuais, enquanto *a V. vinifera* é geralmente bissexual, e só excecionalmente algumas cultivares são monossexuais. As diferenças significativas entre a videira cultivada e os seus parentes silvestres são também a maturação mais uniforme dos bagos dentro dos cachos, um teor mais elevado de açúcar e a seleção de uma gama mais ampla de cores de frutos (Olmo, 1995). A recente seleção da ausência de sementes tornou-se essencial para a produção de uvas de mesa e passas.

A videira está a espalhar-se pelo mundo

Jure Beljo

Após o cultivo inicial, foram necessários centenas, se não mesmo milhares de anos de cultivo de videiras e de produção de vinho nas zonas montanhosas das povoações neolíticas do antigo Médio Oriente para se atingir um nível de competência suficiente para ser aceite por outros e continuar a ser difundido. A invenção da loiça no período Neolítico foi crucial para o processamento e armazenamento do vinho. No quarto milénio a.C., o vinho difundiu-se da região da Transcaucásia para o Médio Oriente e o Vale do Nilo. A história escrita da videira tem mais de 6.000 anos. O primeiro registo escrito da uva e do vinho data do tempo dos sumérios, no terceiro milénio a.C., e encontra-se na Epopeia de Gilgamesh. No Egipto, foram encontrados registos hieroglíficos com mais de 5 000 anos sobre lagares de vinho (Petrie, 1923) e foram encontrados recipientes para vinho em túmulos da primeira dinastia egípcia. O vinho era reservado apenas aos faraós, aos altos funcionários do governo e aos sacerdotes. Cerca de 1 700 a.C., o rei Hamurabi da Babilónia introduziu o primeiro código sobre o comércio do vinho, que é considerado a primeira lei sobre bebidas alcoólicas do mundo. Isto significa que a viticultura e a vinificação eram já actividades económicas importantes.

Os hititas, povo bem conhecido da Antiguidade, difundiram a videira a partir do leste da Turquia ou da Anatólia para partes do Mediterrâneo oriental em 3000 a.C. A partir do Mediterrâneo Oriental, a videira expandiu-se gradualmente para oeste, para Chipre, Grécia e Creta. O início da viticultura na Grécia e em Creta pode ser datado do início do quinto milénio (Valamoti, 2007). Os gregos e os fenícios difundiram a videira no Mediterrâneo, nas zonas costeiras do Norte de África, Espanha, França e Itália. As primeiras provas de cultivo da videira em Itália datam do século IX a.C.. Foram os Etruscos os primeiros a assumir a cultura da vinha e a produção de vinho dos Fenícios e dos Gregos. Os Etruscos aperfeiçoaram a vinificação e desenvolveram o comércio do vinho na bacia mediterrânica. Os romanos desenvolveram ainda mais a técnica aprendida com os etruscos. A videira e o vinho são mencionados numa série de obras de escritores romanos: De Agri Cultura, de Catão, o Velho (cerca de 160 a.C.), De Re Rustica, de Marcus Terrentius Varro, e, sobretudo, na famosa obra Naturalis Historiae, de Plínio, o Velho.

Figura 2. Colheita de uvas em terracota etrusca do século VI a.C.

Os Romanos difundiram a cultura da videira na Europa. Nos territórios conquistados, instalaram as suas colónias e reformaram os veteranos que se dedicavam à agricultura e, se as condições fossem favoráveis, introduziram novas culturas até então desconhecidas nessas zonas. Foram os romanos que introduziram a produção de vinha na França continental, no vale do Reno, na Alemanha, e até nas costas de Inglaterra. Após a queda do Império Romano, a videira difundiu-se em geral por todo o Mediterrâneo e, em parte, também no coração da Europa.

Após o colapso do império romano no início da Idade Média, e depois de grandes migrações e guerras na Europa, seguiu-se uma crise na viticultura. No entanto, a partir do século V, quando a fé cristã se difundiu na Europa, a viticultura e a vinicultura voltaram a registar uma expansão geográfica. Até ao século X, a viticultura foi sobretudo mantida por várias ordens religiosas e mosteiros. Os beneditinos e outras ordens expandiram a cultura da vinha para as regiões setentrionais e estabeleceram também vinhas a altitudes mais elevadas. A propagação da viticultura na região do Danúbio e na bacia do Danúbio só foi conseguida no século XII, embora no Médio Reno tenha sido comprovada já no século VI (Kulischer, 1957). A viticultura "nobre" estava também a desenvolver-se em paralelo com a viticultura "da igreja". Era praticada pela aristocracia como símbolo de prestígio, sobretudo em França. Entretanto, a viticultura foi também uma atividade económica importante no Médio Oriente até ao aparecimento do Islão, no século VII, após o que começou o seu declínio.

Figura 3. Deus Liber, Vasarovine, Livno

A viticultura voltou a florescer entre o início da Idade Média e o Renascimento. O aumento da população nas cidades e o aumento do poder de compra dos artesãos e comerciantes aumentaram o investimento na viticultura, que voltou a ser economicamente viável. Os primeiros estudos científicos sobre a videira começaram no Renascimento e foi nessa altura que se deu o início da ampelografia moderna.

Quadro 1. Produção mundial de uvas e vinho em 2011

No	Country	Grape in t	Country	Wine in t
1.	China	9.067.000	Italy	6.590.750
2.	USA	6.756.449	France	4,673,400
3.	Italy	7.444.881	Spain	3,339,700
4	France	6.588.904	USA	2,211,300
5.	Spain	5.809.315	China	1,657,500
6.	Turkey	4.296.351	Argentina	1,547,300
7.	Chile	3.149.380	Australia	1,133,860
8.	Argentina	2.890.000	Chile	1,046,000
9.	Iran	2.112.715	South Africa	965,500
10	South Africa	1.683.927	Germany	961,100
11.	Australia	1.715.717	Portugal	694,612
12.	Brazil	1.542.068	Romania	405,817
13.	Egypt	1.320.801	Greece	303,000
14.	India	1.235.000	Austria	281,476
15.	Germany	1.250.000	Serbia	224,431
	World total	58.500.118		26,216,967

Fonte: FAOSTAT, http://faostat.fao.org

Entre os séculos XVII e XIX, as potências coloniais espalharam a videira da Europa por todo o mundo, introduzindo-a nas suas colónias. A videira foi introduzida na América do Norte no século XVII, primeiro nas missões espanholas do sudoeste e depois na Califórnia. A videira foi depois disseminada em África, na América do Sul e na Austrália. Na América do Norte, foram desenvolvidos híbridos entre a videira nobre introduzida e espécies americanas do género *Vitis*. As espécies americanas foram mais tarde utilizadas como porta-enxertos para proteger a videira cultivada da filoxera.

Na Europa, a videira concentra-se nas zonas central e meridional, na Ásia nas regiões ocidentais, como a Turquia e o Médio Oriente, e a leste na China. Em África, é mais difundida ao longo da costa mediterrânica e na África do Sul. Na América do Norte, a viticultura está mais desenvolvida na Califórnia, mas também noutras regiões, e na América do Sul no Chile, Argentina e Brasil. Mais recentemente, a cultura da videira tem vindo a expandir-se cada vez mais na Austrália e na Nova Zelândia.

Atualmente, a principal investigação sobre a videira centra-se em estudos genéticos, na construção do mapa do genoma, na determinação da localização e da função dos genes e na utilização destes dados para fins práticos, bem como na preparação de perfis genéticos do germoplasma da videira.

Vinhas e uvas em moedas antigas

Radoslav Dodig

Desde o aparecimento das primeiras moedas na Ásia Menor, há 26 séculos (por volta de 610 a.C.), as diferentes apresentações sucedem-se nas suas faces, quer na frente (anverso) quer no verso (reverso). Para além dos frequentes relevos de deuses e deusas (Zeus, Atena, Hermes, Poseidon, Marte, Vénus, etc.) e dos retratos de governantes (Alexandre Magno, César, Augusto, etc.), há, entre outras, apresentações de taças de vinho (cratera e kantharos) e de ânforas, mas também de uvas e, por vezes, de videiras. Escolhemos uma breve resenha de moedas antigas com ilustrações de uvas e videiras, na maioria das vezes em moedas de prata, porque os gravadores sabiam apresentar nelas motivos muito claros e interessantes.

Figura 4. Vinhas e uvas em moedas antigas

l. Ilha de Tenedos, dracma, final do século V - início do século IV a.C., reverso, 2. Soloi, Cilícia, estater, cerca de 440-410 a.C., reverso, prata, diâmetro 3. Maroneia, Trácia, tetradracma, cerca de 430-400 a.C., prata, reverso, 4. Naxos, Sicília, litra, cerca de 415-403 a.C., prata, reverso, diâmetro 5. Nagidos, Cilícia, estater, cerca de 400-385 a.C., reverso, prata, diâmetro 6. Maroneia, Trácia, triobol, cerca de 377-365 a.C., anverso, prata, 7. Tarsos, Cilícia, escudo, 361-334 a.C., anverso, prata, diâmetro 21 mm, 8. Filipe II da Macedónia (359-336 a.C.), tetradracma, anverso, prata, 9. Soloi, Cilícia, óbolo, cerca de 350-300 a.C., anverso, prata, diâmetro 10. Tarento, Calábria, nomos, cerca de 302-280 a.C., reverso, prata, 11. Arsinoe II, esposa de Ptolomeu II, octodrama, cerca de 270 a.C., reverso, prata, 12. Quios, ilha da Jónia, dracma, cerca de 100-86 a.C., verso, prata, 13. Domitia Augusta, como, 82-96 d.C., reverso, bronze, diâmetro 18 mm, 14. Diadúmeno, como, 217-218 d.C., reverso, bronze, diâmetro 17 mm, 15. Marca alemã, 1951, anverso, cobre/níquel, diâmetro 26,75 mm,

Raramente se encontra um motivo de uvas nas moedas de ouro, enquanto a sua qualidade nas moedas de bronze é inferior. A maior produção de moedas com uvas e videiras encontra-se na Sicília, na Trácia, nas ilhas gregas e na costa da Ásia Menor e nas cidades italianas. A cunhagem e a distribuição de dinheiro requerem uma grande organização das autoridades, pelo que não é de estranhar que a cunhagem de moedas fosse a atividade das cidades fortes do Mediterrâneo. Entre as cidades que possuíam casas da moeda com emissões modestas de moedas encontravam-se Hvar e Vis, na Dalmácia, e Daorsi, com sede em Osanici, na Herzegovina.

Referências

Alleweldt, G., Dettweiler, E. 1994. The genetic resources of *Vitis* - world list of grapevine collections. Geilweilerhof, Alemanha.

Arroyo-Garcia, R., Ruiz-Garcia, L., Bolling, L., Ocete, R., Lopez, M.A., et al. 2006. Multiple origins of cultivated grapevine (*Vitis vinifera* L *ssp sativa*) based on chloroplast DNA polymorphism. Molecular Ecology 15:3707-3714.

Briggs, J.E., Walters, S.M. 1986 Plant Variation and Evolution. Cambridge Univ. Press, Cambridge.

Imazio, S., Labra, M., Grassi, F., Scienza, A., Failla, O. 2006. Microssatélites de cloroplasto para investigar a origem da videira. Genetic Resources and Crop Evolution 53:1003-1011.

Jackson, R.S. 1994.Wine Science: Principle and Applications. Academic Press, San Diego.

Kulischer, J. 1957. Opca ekonomska povijest srednjega i novoga vijeka. Kultura, Zagreb.

McGovern, 2003. Ancient Wine - The search for the origins of viniculture Princeton Univserity Press.

Myles, S., Boyko, A.R., Owens, C.L., Brown, P.J., Grassi, F., Aradhya,

M.K., Prins, B., Reynolds, A., Chia, J.M., Ware, D., Bustamante, C.D., Buckler, E.S. 2011. Estrutura genética e história de domesticação da uva. Proc. Natl. Acad. Sci. (USA) 108:3530-3535., H.W.

Nunez, D.R., Walker, M.J. 1989. A review of palaeobotanical findings of early Vitis in the Mediterranean and of the origins of cultivated grape vines, with special reference to prehistoric exploitation in the western Mediterranean. Rew. Paleobot. Palymol. 61:205-237.

Olmo, H.P. 1995. The origine and domestication of the *Vinifera* grape. U P.E.McGovern (ur.) The origins and ancient history of wine. Gordon and Breach, Amesterdão, str. 31-34.

Petrie, W.M.F. 1923. Social life in ancient Egypt. Methuen, Londres.

Valamoti, S.M., Mangafa, M., Koukouli-Chrysanthaki, Ch., Malamidou, D. 2007. Prensas de uva do norte da Grécia: o vinho mais antigo do Egeu? Antiguidade 81:54-61.

Zohary, D., Spiegel-Roy. P. 1975. Início da fruticultura no Velho Mundo. Science. 187:319-327.

http://faostat.fao.org

CAPÍTULO 2

HISTÓRIA DA VITICULTURA NA BÓSNIA E HERZEGOVINA

Jure Beljo

Da pré-história à Idade Média

À medida que a videira se espalhava no Mediterrâneo, o seu cultivo começou na costa adriática e, gradualmente, no interior do Adriático. É digno de nota o facto de terem sido encontradas sementes de videira nos vestígios arqueológicos da Idade do Bronze em Ripac, perto de Bihac (Beck Managetta, 1896) e em Donja Dolina, perto de Gradiska (Moly, 1904). Ao explorar a dieta dos antigos habitantes da Bósnia, Benac (1951) estabeleceu que estes habitantes também consumiam uvas no final do segundo e no início do primeiro milénio a.C.. Mas é óbvio que essas sementes não provêm da videira cultivada *Vitis vinifera*, que ainda não tinha chegado às zonas costeiras do Adriático, mas sim das sementes da videira selvagem europeia (loznica) *Vitis sylvestris*. A videira selvagem europeia (loznica) está presente na Europa desde a última Idade do Gelo, há 12 000 anos (Arroyo-Garcia e Revilla, 2013). Os bagos desta videira são mais pequenos, geralmente mais ácidos do que os da videira cultivada, mas as uvas também podem ser saborosas. Costumava ser localmente comum em árvores e cercas de pedra à volta das casas, produzindo por vezes colheitas abundantes, pelo que as pessoas utilizavam as suas uvas como alimento.

A videira selvagem ou florestal encontra-se atualmente nas bacias do Mar Cáspio, do Mar Negro, do Mediterrâneo e do Mar Adriático, na Península Balcânica e, sobretudo, na Herzegovina. Esta espécie encontrava-se muito difundida na nossa região até à introdução de pragas e doenças provenientes da América (filoxera, míldio e oídio) e à destruição dos seus habitats naturais, o que levou ao desaparecimento gradual da *V. sylvestris*. Mas ainda se encontra localmente, sobretudo no vale do Neretva e nas orlas das florestas de folha caduca. No programa de inventariação da *V. sylvestris* realizado em 2013, foram encontradas numerosas videiras em vários locais a norte de Mostar e no vale do rio Krupa, em Hutovo Blato, que podem ser consideradas, com elevada probabilidade, como representando *Vitis sylvestris*. Para eliminar as dúvidas sobre a identidade destas árvores, será efectuado o seu perfil genético utilizando marcadores genéticos.

Figura 5. Videira florestal europeia (*Vitis sylvestris*) no seu habitat natural

A videira cultivada *Vitis vinifera* chegou à nossa região com os gregos. Na época pré-romana, as tribos ilírias viviam na região da Bósnia-Herzegovina e, na Herzegovina, eram os Ardiaei, Daorsi, Dalmatae e Autariatae. Investigações anteriores e dados da literatura indicam que os ilírios não estavam familiarizados com a cultura da vinha nem com o fabrico de vinho até à chegada dos gregos e ao estabelecimento das suas colónias nestas áreas. Antes disso, os Illyrians bebiam cerveja e um tipo de hidromel (Grmek, 1950). Foram encontradas ânforas de vinho na cidade de Daorson, em Osanici, perto de Stolac, a capital da tribo ilíria de Daorsi, o que constitui uma prova da produção ou comércio de vinho (Maric, 1996). Consequentemente, os ilírios familiarizaram-se com a videira e o vinho mais do que os gregos, e depressa se tornaram produtores, mas também bons consumidores de vinho.

Citando o historiador grego Estrabão, Marin Zaninovic. (1996) escreve que o rei Gentio da Ardéia não resistia ao vinho e bebia-o dia e noite, enquanto o rei Agron da Ardéia, celebrando a vitória sobre os Aetólios em 230 a.C., morreu devido ao consumo excessivo de vinho. Esta foi provavelmente a primeira morte conhecida devido ao consumo excessivo de vinho. Covic (1976) escreve também que os membros da tribo ilíria Autariatae tinham tendência para beber muito.

A expansão da videira e a melhoria da viticultura foram ajudadas pelos romanos que ocuparam esta região no final do século III a.C. A vinha chegou à região da Ilíria muito provavelmente através de Narona, um grande porto no Neretva. O vinho era produzido em explorações agrícolas estabelecidas por soldados romanos reformados que recebiam terras, mas também em explorações agrícolas maiores e nas chamadas vilas rústicas (*vilae rusticae*). Estas existiam, por exemplo, em Mogorjelo e Visici, perto de Capljina, em Panik, perto de Bileca, e em Bihovo, perto de Trebinje (Skegro, 2004). Especialmente importante, e atualmente muito explorada, foi a villa rústica em Mogorjelo, perto de Capljina, onde foram encontrados restos de recipientes para vinho e uma grande adega (Bojanovski, 1988), e o portal de entrada contém um relevo com vinhas e uvas. A produção de vinho na província romana da Dalmácia não teve um grande impacto nas regiões mediterrânicas mais vastas, mas, em termos locais, era altamente rentável. Era consumido principalmente no mercado local, mas uma parte era exportada (Glicksman, 2007). Como apreciadores de vinho, os ilírios consumiam muito vinho no país, mas o vinho era também um forte produto de exportação que entrava no comércio mundial através de Narona. O vinho exportado da região do Adriático também chegava a Roma através do porto de Óstia (Patsch, 1922). Com base em inscrições em ânforas, Patsch enumera também os nomes de numerosas empresas exportadoras da região de Neretva, à qual pertencia também a Baixa Herzegovina. No entanto, como o vinho era então enviado da Herzegovina também para a Bósnia, onde foram encontradas poucas ânforas, presume-se que o vinho era transportado em recipientes de couro, como odres, ou talvez em recipientes de madeira.

Figura 6. Maenads, mulheres seguidoras do deus Dionísio (2nd século)

Os relevos descobertos representando Dionísio e Liber na área de Livno, Tomislavgrad e Glamoc, podem ser uma indicação do cultivo da videira em tempos antigos também na região do sudoeste da Bósnia, e do mesmo modo no noroeste da Bósnia, em torno de Bihac (Skegro, 2004). O cultivo da videira estendeu-se da Dalmácia para o interior, ou seja, para a atual Herzegovina e mais adiante para a Bósnia, através dos vales dos rios Neretva e Trebisnjica e dos seus afluentes. A videira chegou ao coração do país a partir do sul, através dos vales dos rios, e chegou ao norte um pouco mais tarde, ao espalhar-se através do Interamnium Dunav-Sava-Drava para sul, a partir do norte, e para leste, a partir do oeste, e para norte, a partir do sul, com a expansão do Império Romano (Bojanovski, 1988).

Figura 7. Villa rústica romana Mogorjelo

O norte da Bósnia, ou Posavina e Semberija bósnias, eram também zonas vitivinícolas na antiguidade, embora a videira tenha chegado mais tarde do que na Herzegovina. Os celtas, que habitavam estas zonas antes das conquistas romanas, estavam familiarizados com a videira (Majnaric-Pandzic, 2003). O norte da Bósnia, ou a zona a norte de Drinjaca, pertencia à província da Baixa Panónia (Bojanovski, 1988). A demarcação entre a Dalmácia e a Panónia seguia a linha que ia de Bosanski Novi a Banja Luka e a sul de Tuzla até Drina (Babic, 2007). Esta demarcação não é conhecida com exatidão, mas todos os historiadores concordam que a fronteira se situava a sul do Sava.

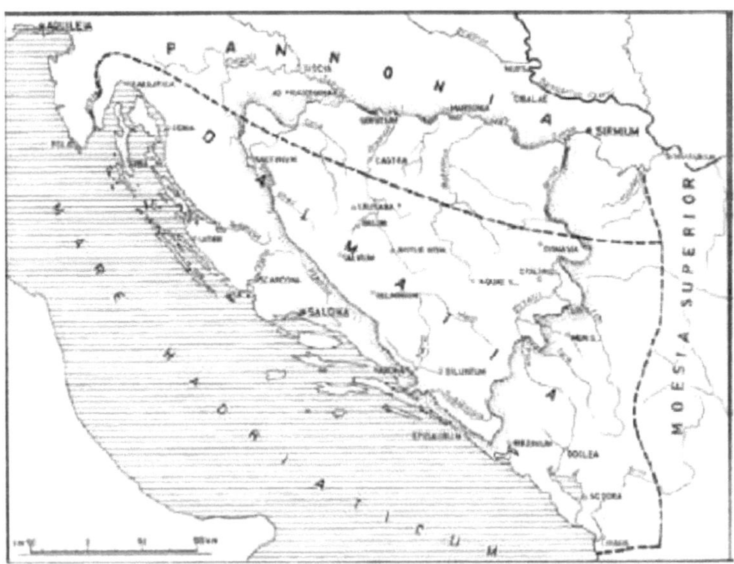

Figura 8. Províncias romanas da Dalmácia e da Panónia (Bojanovski, 1988)

O cultivo mais intensivo da videira na região da Panónia só começou após as conquistas romanas. No tempo dos romanos, existiam também vilas rústicas nesta região (Bojanovski, 1988). O imperador Domiciano (51 - 96) proibiu a propagação de castas de uva de alta qualidade nas regiões conquistadas da Ilíria e da Panónia, a fim de evitar a concorrência das antigas províncias romanas, o que sugere que a viticultura já estava desenvolvida nestas áreas (Babic, 2007). Mas o imperador Probus (276 - 282), que era originário da Panónia, permitiu uma produção mais intensiva nessa província, após o que a produção de uvas no norte da Bósnia voltou a crescer (Bojanovski, 1988).

A Idade Média e o período otomano

Após a chegada dos eslavos às zonas romanizadas da Bósnia e Herzegovina, nos séculos VII e VIII, foi retomada a continuidade da viticultura. O clero teve uma influência significativa no incentivo ao cultivo mais rápido da vinha e à produção de vinho, depois de ter batizado os colonos eslavos. Tal como noutras regiões europeias, os mosteiros e as casas senhoriais eram centros de viticultura e de produção de vinho antes da chegada dos turcos. Há muitas provas da presença da viticultura na Idade Média na terra de Hum, ou Herzegovina, sobretudo nas fontes de Dubrovnik. Foi durante este período que a viticultura se espalhou provavelmente da Herzegovina para a Bósnia - Foca, Gorazde, Visegrad, Kladanj, Visoko, Zenica e outras cidades onde a viticultura se tinha desenvolvido na época pré-otomana.

Marko Vego (1937) escreve que, nos séculos IX e X, os habitantes de Dubrovnik estabeleceram vinhas em Travunija e Zahumlje e pagavam uma taxa por isso, os chamados "mogoris". No tempo do domínio otomano, os habitantes de Dubrovnik também possuíam vinhas na Herzegovina. O registo cadastral de 1477 da Herzegovina (Alicic, 1975) faz referência a um homem de Dubrovnik, Zivan, a quem foi dada uma vinha para a utilizar e pagar o imposto, como compensação pela sua propriedade em Foca. O registo cadastral de 1585 (Alicic, 2014) menciona uma vinha pertencente a dois homens de Dubrovnik, que a utilizam e pagam impostos, na aldeia de Tvrdosi, perto de Trebinje.

Jirecek escreve que, na Idade Média, o vinho era a bebida mais nobre dos Balcãs e que as classes mais altas, ou a nobreza fundiária, o guardavam em caves de gelo. Herceg Stjepan Kosaca queixou-se das invasões dos turcos e diz: "Por onde este cão passou, destruiu cereais, vinhas, deixando apenas terra nua" (Cirkovic, 1964). A viticultura e o vinho são mencionados em várias cartas dessa época, por exemplo, na carta do príncipe Miroslav, no final do século XII, de Juraj Vojislavic, em 1434, enquanto a mais significativa é a carta do jovem ban e, mais tarde, do mais poderoso rei bósnio, Tvrtko, o 1º Kotromanic, que a emitiu na cidade de Suha, na zona da atual Citluk, em 1353. Nessa cidade, foi oferecido vinho da Herzegovina ao interdito e à sua escolta. Esta carta e o brasão do Rei Tvrtko são utilizados ainda hoje como marca registada dos vinhos da Herzegovina.

Figura 9. Lápide medieval com um motivo de uvas gravado

O rei Stjepan Tomasevic emitiu um alvará que atribuía ao tio Radivoje, entre outras coisas, a propriedade de "6 servos com vinhas", na aldeia de Buglini (atualmente a aldeia de Buljina, perto de Konjic), que foi a primeira referência à vinha nesta parte mais setentrional da Herzegovina, onde a vinha é cultivada com sucesso. É óbvio que a videira se expandiu para norte através dos vales dos rios já no tempo dos romanos ou no início da Idade Média. Em muitas lápides medievais da Bósnia e Herzegovina foram esculpidos motivos de videira, o que indica que a videira era uma parte importante da vida económica e social da Bósnia medieval e do país Hum.

Quando os otomanos ocuparam a Bósnia e Herzegovina, na segunda metade do século XV, encontraram uma viticultura muito desenvolvida em todas as zonas onde as condições climáticas o permitiam. A prova disso está nos registos (defters) que os otomanos implementaram em todos os países onde estavam a estabelecer a sua autoridade. Estes registos tinham como principal objetivo determinar as propriedades do império, os rendimentos de algumas zonas, os impostos e os contribuintes. Os otomanos efectuavam estes registos de 30 em 30 ou de 40 em 40 anos. Estes registos são muito importantes como fontes históricas, uma vez que ajudam a avaliar os volumes de produção de determinadas culturas e produtos, e são importantes para a viticultura porque mostram a expansão geográfica da videira na região da Bósnia e Herzegovina.

A viticultura era praticada principalmente pelos cristãos e por aqueles que pagavam impostos ou dízimos sobre a produção de mosto. Os muçulmanos que cultivavam a vinha pagavam impostos sobre a superfície da vinha, uma vez que não produziam vinho, mas consumiam as uvas ou transformavam-nas noutros produtos. As receitas dos impostos sobre as vinhas eram muito inferiores às dos impostos sobre os mostos. A medida do mosto era oka (1,281 L), medra (12,5 okas ou 16,4 L) e tovar (64 okas, ou 82 L). Apenas as quantidades de uvas produzidas podiam ser determinadas a partir dos registos, não as áreas das vinhas. Os dados relativos aos impostos sobre o mosto são valiosos porque mostram a extensão geográfica da vinha (Mulic, 2010).

O primeiro registo foi o Registo Geral do Sanjak Herzegoviniano[1] , efectuado imediatamente após a ocupação, entre 1475 e 1477. O registo não

---

[1] Nos primeiros 150 anos do domínio turco, a área da atual Bósnia e Herzegovina estava dividida em quatro sanjaks: o Sanjak bósnio incluía a parte central da Bósnia, de Banja Luka a Visegrad e Novi Pazar. O Sanjak herzergoviniano abrangia a parte sul e sudeste da Herzegovina, uma parte do Montenegro e uma parte de Primorje. No Sanjak de Klis, para além de partes da Dalmácia, encontravam-se as zonas do sudoeste da Bósnia com Konjic, Prozor e Tomislavgrad, enquanto o Sanjak de Zvornik incluía zonas do nordeste da Bósnia

foi efectuado por nahiyes, mas por aldeias e proprietários, pelo que muitas vezes não se sabe qual era a área em causa, uma vez que os nomes de muitas aldeias, tal como listados na altura, são hoje desconhecidos. Mas, com base no que foi estabelecido de forma fiável, é evidente que, nessa altura, a videira era cultivada em zonas onde desapareceu há muito tempo. Essas zonas eram Nevesinje, Rudo, Rogatica, Cajnice, enquanto Foca e Gorazde eram zonas vitivinícolas proeminentes nessa altura. Uma vez que o registo foi efectuado imediatamente após a ocupação otomana da Herzegovina, é evidente que a viticultura se tinha desenvolvido nesta zona durante o Estado bósnio medieval. Um outro registo do Sanjak herzegoviniano foi efectuado cem anos mais tarde (em 1585) e nele se podem ver as tendências da cultura da vinha.

Com base no registo cadastral de 1585, pode concluir-se que as superfícies de vinha não diminuíram significativamente nos primeiros 100 anos do domínio otomano. Das cerca de 90 aldeias registadas no nahiye de Foca, 54 pagavam impostos sobre o mosto, o que significa que produziam vinho. A situação era semelhante na nahiye de Gorazde, onde o imposto sobre o mosto era pago em 33 das 35 aldeias registadas. Além disso, havia outras aldeias onde se cultivava vinha, mas as vinhas eram propriedade de muçulmanos que não produziam mosto nem vinho. Atualmente, não existem quaisquer vestígios de vinhas em Foca e Gorazde.

Muitas zonas da Bósnia foram plantadas com vinha na Idade Média, especialmente os vales dos rios. Hoje em dia, muitos topónimos fazem lembrar esse facto, como Viniste, Vinograd, Vinac, Vinina, Vinovo hill e outros. O Registo Integral do Sanjak da Bósnia, de 1604, mostra de forma muito realista o estado da viticultura na Bósnia. Com base nos dados relativos aos impostos cobrados sobre o mosto produzido, é óbvio que a viticultura estava muito bem desenvolvida na Bósnia nos séculos XV e XVI. Todo o vale médio e inferior do rio Drina era uma zona vitivinícola. A maior parte das vinhas situava-se em torno de Visegrad, depois em Visoko, Breza, Kakanj, Zenica, ou seja, no vale do rio Bosna, mas também na zona dos actuais Olovo e Kladanj. Por exemplo, os impostos sobre o mosto eram pagos em 10 aldeias de Kladanj Nahiye, o que significa que a vinha era cultivada. A cultura da vinha não era praticada apenas em Sarajevo e nos seus arredores imediatos.

O facto de a videira ser cultivada nessa região é demonstrado num relatório de Benedikt Kuripesic, que passou pela Bósnia em 1530. Kuripesic escreve: "É evidente que a Bósnia era uma terra muito bonita e bem cultivada no tempo dos cristãos. As videiras cresciam em muitos sítios e agora só são plantadas à volta de Visegrad e Novi Pazar. As pessoas dizem que é possível encontrá-las em direção ao mar e em direção ao Sava e ao Danúbio, onde há grandes planícies e a terra é bem cultivada" (Kuripesic, 1950). Kuripesic viajou para Constantinopla e atravessou a Bósnia utilizando a rota de Kljuc via Jajce, Donji Vakuf, Sarajevo, Rogatica e Visegrad, o que significa que viajou principalmente através de áreas não agrícolas.

Não é possível determinar se a vinha chegou a estas zonas a partir do sul, através do vale de Trebisnjica, passando por Bileca, Foca e Gorazde, ou a partir do norte, através dos vales dos rios Drina e Bosna. Nomeadamente, a cultura da uva desenvolveu-se em quase toda a área do nordeste da Bósnia na época pré-otomana. De acordo com o registo de 1548, quase não havia aldeias em que não se cultivasse a videira nos nahiyes de Upper e Lower Tuzla. Nas zonas destes dois nahiyes, foram produzidos 9 570 tovars, ou seja, cerca de 9 000 hL de mosto em 1548 (Handzic, 1975). Todo o vale do rio Jala era tanto vitivinícola como agrícola no século XVI. Mas a viticultura diminui subitamente a partir de então, de modo que em 1600 eram produzidos apenas 628 tovares, ou seja, quase 15 vezes menos do que há meio século.

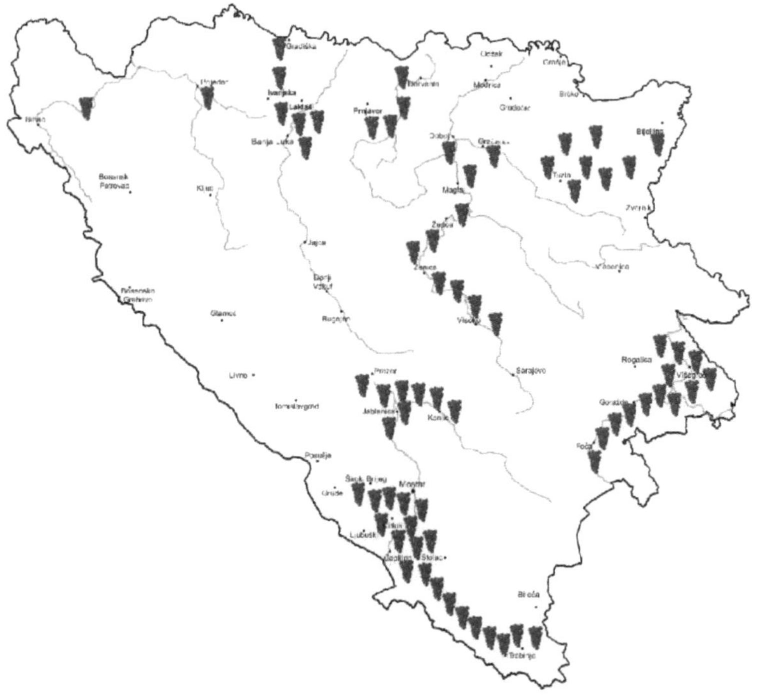

O mapa das zonas vitícolas da Bósnia-Herzegovina nos séculos XVth e XVI [th2]

As tendências da produção vitivinícola nos períodos pré-otomano e otomano são mais evidentes no exemplo de Konjic. Konjic é a zona mais setentrional da área vitícola da Herzegovina e, de facto, situa-se na fronteira entre a Herzegovina e a Bósnia. Jusuf Mulic (2001) fez uma panorâmica da produção de uvas em Konjic com base no registo de 1490, ou seja,

---

[2] O mapa foi elaborado com base nos registos cadastrais turcos de 1477 (Alicic, 1985), 1548 (Handzic, 1975), 1550 (Alicic e Spaho, 2007), 1585 (Alicic 2014) e 1604 (Alicic, 2000)

imediatamente após a chegada dos otomanos, e depois de 1550, 1574 e 1604. De acordo com o primeiro registo, foram produzidas 3 639 toneladas de mosto em Konjic, o que constitui uma quantidade impressionante. Considerando uma produção média de uvas e a distância de plantação nessa altura, pode estimar-se que havia 800 a 1 000 hectares de vinhas nessa zona. De acordo com o registo de 1550, a produção diminuiu quase um quarto, para 2 808 toneladas, e em 1574, ou seja, cem anos após o domínio turco, a produção de mosto era de apenas 691 toneladas. A diminuição drástica do volume de uvas produzidas, ou de mosto, pode ser explicada pela falta de mão de obra e pela diminuição do número de habitantes de confissão católica, após a destruição do mosteiro franciscano de Konjic e a redução geral do número de católicos (Mulic 2001). Posteriormente, a produção estabilizou parcialmente e, em 1604, ascendia a 1 250 toneladas. É possível que a população cristã fugida tenha regressado e continuado a produzir uvas. Depois disso, durante todo o período otomano, a produção de uvas manteve-se a níveis invejáveis e, no tempo da ocupação austríaca, quase um quarto das vinhas da Herzegovina estava localizado na região vitícola de Konjic.

A região de Banja Luka, ou o curso inferior do rio Vrbas, foi também uma zona vitivinícola na Idade Média e durante a Turquia. Embora não se possa determinar com exatidão a dimensão desta produção, é evidente, com base no registo exaustivo do Sanjak da Bósnia de 1604 (Alicic, 2000) e no imposto sobre o mosto produzido, que a produção de uvas estava muito difundida no vale do Vrbas. Ao passar por Banja Luka em 1660, Evliya Celebi escreve que foram pagos impostos sobre 5.000 jardins e vinhas em Banja Luka (Celebi, 1996). Partindo do princípio de que uma área média de vinha era de apenas 0,2 hectares, e mesmo tendo em conta que Celebija tinha por vezes tendência para exagerar nas descrições, esse número pode ter sido superior a 400 hectares de vinha. Na região de Banja Luka, a vinha manteve-se até à ocupação austríaca. O general francês Anthouard, que visitou a

Bósnia e Herzegovina por volta de 1806, afirmou no seu relatório que duas cidades produtoras de uvas eram Banja Luka e Mostar (Jelavic, 1906). É evidente que o cultivo da uva ainda existia nalgumas aldeias católicas em torno de Banja Luka.

Figura 10. O burro, outrora o mais importante "meio de transporte"

Por outro lado, nos seus diários de viagem, Evliya Celebi menciona a cultura da uva noutros locais da Bósnia, onde atualmente já não existem vestígios de vinhas. Descrevendo Foca, diz que "as casas espaçosas, de um só piso e de vários pisos, estão dispostas em filas até às margens do Drina. São feitas de materiais sólidos e têm vinhas". Para o campo de Nevesinje, diz que "são belas as casas à volta das quais há vinhas e jardins, fontes activas e pátios espaçosos". Segundo Celebi, a aldeia de Dabar é uma aldeia próspera com cerca de quinze casas cobertas com placas de pedra, com vinhas e jardins. As vinhas de Nevesinje são também mencionadas nos registos judiciais do qadi de Mostar de 1634, que falam de duas vinhas penhoradas por dívidas (Mujic, 1975). Em 1664, Celebi visitou Semberija, onde também encontrou vinhas, mas para Bijeljina disse que as uvas não eram boas.

Figura 11. Videira e pedra

Boue (1840) escreve que a videira é cultivada na maior parte das províncias da Turquia europeia, exceto numa grande parte da Bósnia, onde existe apenas uma pequena quantidade nas margens do Sava, mas existe em muito maior quantidade na Croácia do que na Bósnia, provavelmente também tendo em conta as margens do Sava. O clima das partes baixas dos grandes vales da Bósnia não é inadequado para esta cultura, pois há vinhas em torno de Brod e ainda mais na Eslavónia; mas os habitantes estão habituados à aguardente de ameixa e preferem consumir este produto. As uvas brancas e tintas de qualidade média são colhidas nas margens do Una, em Dubica, Novi e Ostrozac (no Una), na

Croácia turca[3] . De acordo com o registo, ou o chamado "tithe defter", de 1851, pode concluir-se que havia também um certo grau de produção de uvas no noroeste da Bósnia. Gustav Thoemel (1867), que visitou a Bósnia e Herzegovina em 1864, escreve que a videira é cultivada na Bósnia apenas em torno de Ivanjska, a noroeste de Banja Luka. Ivan Frano Jukic (1851) também mencionou que a videira era cultivada em Ivanjska. Assim, na Bósnia, no final do reinado turco, a videira só se mantinha em Prozor, Banja Luka, e muito pouco no vale do Una e em torno de Derventa.

O início da viticultura moderna

A chegada da Áustria-Hungria foi um ponto de viragem na produção agrícola da Bósnia-Herzegovina, tanto em termos tecnológicos como organizacionais. Nessa altura, a Áustria era um Estado muito organizado, algo burocrático e centralizado. A Áustria via na Bósnia e Herzegovina um local conveniente para a produção de vinhos de alta qualidade, tanto mais que a filoxera já se aproximava para devastar as vinhas noutras áreas vitícolas da Monarquia. E enquanto a renovação das vinhas destruídas pela filoxera estava em curso noutras zonas vitícolas do Império Austro-Húngaro, a Áustria pretendia produzir o maior número possível de vinhos de alta qualidade na região da Bósnia e Herzegovina.

Introduziu medidas modernas de tratamento, poda e fertilização nos métodos de produção então primitivos. Foi nessa altura que se introduziu a prática da cultura da vinha apoiada em estacas, o que não acontecia até então. Nessa altura, as vinhas eram cortadas com pequenas facas de poda

---

[3] Todos os escritores de viagens que visitaram e escreveram sobre a Bósnia e Herzegovina durante o domínio otomano chamaram à região de Bihac (atual cantão de Una-Sana)

adaptadas para o efeito, tendo as autoridades austríacas introduzido tesouras de corte. As autoridades austríacas introduziram as tesouras de poda. Além disso, estabeleceram um regulamento segundo o qual o imposto não seria pago nos dez anos seguintes no caso de um terreno desbravado, anteriormente improdutivo, no qual se instalaria uma vinha. A primeira compra de varas, tesouras e outros materiais para a cultura da vinha foi estimulada pelos fundos do Governo Nacional. Além disso, foi organizado um serviço meteorológico, enquanto peritos de vários perfis de outras partes do Império vieram para a Bósnia e Herzegovina para ajudar a melhorar a agricultura. Foram organizados cursos profissionais para viticultores em todas as áreas vitícolas, e os melhores produtores receberam prémios e certificados.

Figura 12. Estação de produção de fruta e uva em Lastva, perto de Trebinje, em 1895.

Foram rapidamente criadas estações nacionais de fruticultura e viticultura em Gnojnice, perto de Mostar, Lastva, perto de Trebinje, e

Derventa8Landesregierung, 1899). As estações foram criadas e organizadas como explorações agrícolas exemplares para a promoção da viticultura e da enologia. A estação frutícola e vitícola de Mostar foi criada em 1888. Tinha uma superfície de 23,6 hectares, dos quais 16,8 hectares de vinha, e uma adega moderna com uma capacidade de 500 hl. A estação de Lastva, perto de Trebinje, foi criada em 1894 e destinava-se à zona do sudoeste da Herzegovina, especialmente à zona de Popovo Polje. Esta estação tinha uma superfície de 38,4 hectares, dos quais 29,1 hectares de vinha, e dispunha de uma adega, tal como a estação de Mostar. Junto à estação funcionava uma escola de viticultura com formação prática, com a duração de dois anos. As castas autóctones da Herzegovina e algumas castas estrangeiras eram plantadas nas estações de Mostar e Lastva.

Figura 13. Estação de produção de fruta e vinho em Gnojnice, perto de Mostar, em 1895.

Com o objetivo de reavivar a viticultura no norte da Bósnia, foi criada em

Derventa, em 1888, uma estação de produção de fruta e vinho. Com a ocupação austríaca, toda a região do norte da Bósnia passou a produzir menos de 100 toneladas de uvas, em vez da grande produção da época pré-otomana. Dado que as condições da região eram adequadas, a Áustria-Hungria tencionava relançar a viticultura. Famílias austríacas ou de outras partes do Império instalaram-se no norte da Bósnia e começaram a plantar videiras. Estas povoações situavam-se em torno de Derventa, Brod e Bijeljina.

A estação de fruticultura e viticultura de Derventa devia ser utilizada principalmente para o desenvolvimento da fruticultura e, em seguida, da viticultura. Tinha uma superfície total de 63,3 hectares, dos quais 8,56 hectares de vinha e 1,58 hectares de viveiro de vinhas americanas, e dispunha de uma adega com equipamento como em Mostar e Lastva. A vinha era plantada com castas de mesa e de vinho. Enquanto as estações da Herzegovina se concentravam nas castas nacionais, a estação de Derventa testava castas europeias de renome, Blauer Portugieser, Burgundy, Merlot, das castas pretas, e Green Silvaner, White Burgundy, Semillon, Sauvignon, das castas brancas, bem como algumas castas de mesa. A vinha americana foi plantada em caso de ocorrência de filoxera. Para evitar os danos causados pela filoxera, na estação de fruticultura e viticultura de Derventa foram plantadas as espécies americanas *Vitis riparia* Portalis, *Vitis solonis* e *Vitis rupestris*, com o calendário de plantação e vários novos híbridos. O primeiro era adequado para as condições do solo da Bósnia e os outros dois para os solos calcários da Herzegovina. A vinha na estação de Derventa foi organizada e bem cultivada, e uma vinha dessa vinha foi exposta na Exposição do Milénio em Budapeste, em 1896.

Graças às medidas e incentivos que as novas autoridades introduziram, a produção aumentou rapidamente, tendo duplicado em 15 anos. Em 1882, a produção era de cerca de 4.100 toneladas e, em 1892, de 9.200 toneladas. Mas o míldio chegou à Bósnia-Herzegovina no início da década de 1890. Em apenas alguns anos, o ataque do míldio diminuiu catastroficamente a produção, que passou a ser de apenas 2.200 toneladas em 1897. As autoridades emitiram então uma ordem sobre a proteção obrigatória das vinhas, com instruções precisas sobre a forma de conduzir a proteção e descontos na compra de vitríolo azul, que era o meio mais rentável de proteção contra o míldio na altura. A não aplicação da proteção era punível. Estas medidas resolutas deram os seus frutos e a produção começou a crescer novamente. Até à Primeira Guerra Mundial, a produção não parou de aumentar, pelo que, em 1912, havia 6 040 hectares de vinha na Herzegovina e a produção de vinho ascendia a 12 000 toneladas. Este valor quadruplicou em relação à situação registada no tempo da Turquia. Foram necessários noventa anos para atingir essa dimensão de vinhas.

Nessa altura, ainda havia produção de vinha no norte da Bósnia, principalmente na zona de Banja Luka, e um pouco menos em torno de Slavonski Brod, Derventa e Bijeljina. A Gazeta da Bósnia de 1914 referia que a produção de vinho na região de Banja Luka estava a aumentar, atingindo cerca de 800 hl por ano na zona da cidade. Entre os viticultores, os colonos italianos da aldeia

Mahovljani destacava-se particularmente. Nos arredores de Brod, Derventa e Bijeljina havia, nessa altura, muitos locais habitados por colonos provenientes da Áustria ou de outras partes do Império que se dedicavam à viticultura. Foi com o objetivo de melhorar a viticultura no norte da Bósnia que foram criadas a estação de fruticultura e viticultura de Derventa e o viveiro de vinha de Bijeljina. No entanto, apesar de todos os esforços das autoridades da altura, a viticultura não se expandiu significativamente.

Degradação e renovação das vinhas

A filoxera chegou à Herzegovina um pouco mais tarde do que na vizinha Dalmácia, onde apareceu em 1888. Tendo aprendido com as experiências de outras regiões europeias, em 1888 o governo austríaco tomou a decisão de proibir a importação para a Herzegovina de mudas de vinha provenientes dos países vizinhos (Croácia e Sérvia), onde a infeção já estava presente. A utilidade deste regulamento e o seu efeito retardador na chegada da filoxera à Herzegovina são evidentes pelo facto de as vinhas da Herzegovina terem permanecido saudáveis e livres de filoxera durante muito tempo. No entanto, como a decisão não se aplicava à Bósnia, a filoxera chegou a este país muito mais cedo do que à Herzegovina. A filoxera foi descoberta na colónia alemã de Bozinci, perto de Derventa, em 1904. Presume-se que tenha sido trazida para a Bósnia com estacas da Áustria. A fim de minimizar a possibilidade de infeção, em 1908 o Governo Nacional de Sarajevo emitiu um regulamento que proibia a transferência de vinhas de uma zona vitícola da Herzegovina para outra.

No entanto, as autoridades e os peritos estavam conscientes de que a filoxera também chegaria em breve a esta região. Para evitar a catástrofe que se abateu sobre a maior parte das regiões vitícolas da Europa, começaram a ser testadas, nesses anos, as variedades americanas selvagens, principalmente a *V. riparia, a V. rupestris e a V. berlandieri* e os seus híbridos, e, em 1912, foi criado em Ljubuski um viveiro de videiras para a produção de porta-enxertos. Para esse viveiro de videiras, ou loznjak, como era chamado na altura, foram trazidas 14 000 estacas de porta-enxertos americanos do viveiro de Cibaca, perto de Dubrovnik, onde ainda não havia infestação de filoxera. Quando a filoxera apareceu na Herzegovina, estes porta-enxertos foram utilizados para enxertar variedades nobres durante a primeira renovação das vinhas. Graças ao viveiro de vinha de Ljubuski, havia material de plantação suficiente para enxertia e os peritos explicavam aos viticultores a necessidade de enxertia (navrcanje), bem como as técnicas de enxertia. Organizaram cursos em que alguns viticultores receberam formação nessa técnica. Ao mesmo tempo, foi criado em Bijeljina um viveiro de videiras para a região do norte da Bósnia, que se destinava a ser utilizado para a renovação das vinhas nessa zona.

Em consequência da proibição da circulação de material de plantação e do encerramento das fronteiras, a filoxera chegou à Herzegovina muito mais tarde do que à Dalmácia. A primeira infeção de filoxera foi detectada na aldeia de Vinjani, a cerca de três quilómetros da fronteira com a Dalmácia. A conclusão dos peritos foi que a infeção já tinha vários anos, pelo que era provável que se tivesse deslocado para outras aldeias fronteiriças da Herzegovina. Esta suposição revelou-se correcta porque a primeira ocorrência de filoxera foi registada em 1913 nas aldeias fronteiriças com a Dalmácia, Gorica e Sovici. Presume-se que em 1914 um grande número de vinhas na Herzegovina já estava infetado. Mas os sintomas nas videiras que se assemelham à infeção por filoxera foram detectados em Dracevice, perto de Mostar, já em 1912. Partiu-se do princípio de que a filoxera tinha sido levada para lá nas enxadas pelos trabalhadores que vinham da Dalmácia para cultivar as vinhas. Dado que a filoxera apareceu na véspera da guerra, a renovação normal das vinhas não foi possível durante o período de guerra. Durante a Primeira Guerra Mundial, as vinhas foram de tal modo arruinadas que a produção anterior à guerra foi reduzida para metade no final da guerra.

A restauração das vinhas só pôde começar depois da guerra, ou seja, cinco ou seis anos após o primeiro aparecimento da filoxera. Foi um período de tempo bastante longo, pelo que, entretanto, a filoxera se tinha espalhado por grandes áreas de vinhas. Devastou a maior parte das vinhas dos distritos de Ljubuski, Mostar e Stolac. A infeção estava obviamente a seguir o caminho Ljubuski, Capljina, Mostar, Stolac. Em 1926, 90% das vinhas foram destruídas no distrito de Ljubuski, 70% em Mostar e 80% nos distritos de

Stolac. Mais tarde, a destruição chegou a Trebinje e, mais tarde, à zona de Konjic, que, nessa altura, ainda possuía áreas significativas de vinhas. De acordo com um relatório de Mate Lovrenovic, Secretário da União das Cooperativas Agrícolas Croatas em Sarajevo, em 1926 existiam na Herzegovina 2 825 hectares de vinhas velhas e apenas cerca de 350 hectares de vinhas enxertadas em porta-enxertos americanos. Esta análise mostra o tipo de danos causados pela filoxera nos distritos de maior produção, Mostar e Ljubuski. Em 1926, havia 40% das áreas anteriores à guerra no distrito de Mostar e apenas 24% no distrito de Ljubuski. Dizia-se que a renovação das vinhas estava a decorrer da melhor forma nos distritos de Mostar e Ljubuski, um pouco menos nos distritos de Stolac, Trebinje e Ljubinje, e no distrito de Konjic não havia sinais de renovação, embora a filoxera também danificasse as vinhas nesse distrito8Lovrenovic, 1928).

A primeira renovação das vinhas começou entre 1920 e 1922. As experiências da vizinha Dalmácia foram utilizadas na renovação das vinhas e na enxertia em porta-enxertos americanos. O clima, o terreno e as condições edáficas da Herzegovina e da Dalmácia são semelhantes. A filoxera chegou à Dalmácia muito mais cedo e a renovação estava quase terminada quando começou na Herzegovina. Os porta-enxertos de enxertia foram obtidos no viveiro de Ljubuski. No entanto, não era suficiente, pelo que foram criados viveiros locais em centros de zonas vitícolas mais estreitas, como Citluk, Mostar, Stolac, Lastva, perto de Trebinje, Zitomislic. Os viticultores aceitaram sobretudo a plantação de porta-enxertos americanos e a enxertia de variedades nacionais, mas a renovação foi bastante lenta.

No final da década de 1920 e no início da década de 1930, a renovação começou a ser significativamente mais rápida, pelo que, em meados da década de 1930, já quase não havia vinhas velhas, exceto na zona de Konjic. Mas depois veio a crise económica geral e, sobretudo, a crise das exportações e das vendas de vinho. Este facto provocou um abrandamento na renovação da viticultura, pelo que a Herzegovina tinha apenas 3 476 hectares de vinhas nas vésperas da Segunda Guerra Mundial. Depois veio a guerra e uma nova degradação das vinhas.

No final da Segunda Guerra Mundial, existiam 3 021 hectares na Herzegovina.

Portanto, metade do que era antes da Primeira Guerra Mundial.

A segunda renovação da vinha teve início após a Segunda Guerra Mundial. Foi nessa altura que se iniciou um aumento sistemático das áreas de vinha, mas as técnicas de produção também foram melhoradas e, consequentemente, os rendimentos aumentaram.

Tabela 2. Superfícies de vinhas na Herzegovina em ha

Municipality	1912	1922	1940	1945	1954	1975
Mostar	2.654	1.458	1.222	1.356	1.404	1.020
Čitluk*						1.071
Ljubuški	708	354	603	602	672	740
Čapljina	539	323	308	304	498	944
Stolac	516	310	289	292	448	588
Trebinje	418	293	270	127	162	305
Široki Brijeg	210	92	136	124	146	190
Grude/Posušje	149	74			145	161
Konjic	662	641	517	230	48	68
Prozor	184	162	131	16	9	14
Total	6.040	3.707	3.476	3.210	3.492	5.101

*Citluk tornou-se um município apenas em 1955

Fonte: Kuri, F. 1955, Vuksanovic et al. 1977

Viticultura moderna

Uma nova era na viticultura da Herzegovina começou nos anos 50 e continua até hoje. Foi nessa altura que se iniciou a nova viticultura, baseada na produção em plantações, e que começou por ser uma vinha cooperativa. Foi a época do sistema de produção socialista, da formação de grandes explorações agrícolas comunitárias, na realidade explorações agrícolas estatais, e de rápidos investimentos na agricultura. Uma vez que a área de propriedade privada estava limitada a 10 hectares, os particulares não podiam ter plantações, enquanto várias grandes adegas foram nacionalizadas e continuaram a funcionar como adegas estatais. Para aumentar as áreas de vinha e melhorar a viticultura, bastante negligenciada, iniciou-se a plantação de vinhas nas quintas estatais. Foi aplicada tecnologia moderna no estabelecimento das plantações e no cultivo das vinhas, a distância de plantação foi ajustada à aplicação de maquinaria no cultivo do solo e na proteção contra doenças e pragas, e a poda e fertilização adequadas aumentaram significativamente os rendimentos. Estas vinhas e as técnicas de produção aplicadas tornaram-se um modelo para as vinhas privadas. A partir dos anos sessenta, todas as vinhas privadas foram também estabelecidas e geridas segundo o modelo das plantações estatais.

A criação do serviço anti-peronospora teve grande importância para a proteção da vinha contra o míldio (*Plasmopara viticola*) e para a formação dos viticultores na aplicação correcta dos agentes de proteção e na execução atempada da proteção. A necessidade de um serviço deste tipo surgiu há muito tempo, a fim de estabelecer um sistema unificado de proteção contra esta doença perigosa em toda a Herzegovina. A primeira estação anti-peronospora na Herzegovina foi estabelecida no viveiro de videiras em Ljubuski em 1937, com o patrocínio da Estação de Controlo Agrícola em Split (Blagojevic, 1955). Mas o serviço antiperonospora propriamente dito na Herzegovina só foi estabelecido em 1951, com sede em Mostar, juntamente com várias estações em locais de viticultura em toda a Herzegovina. Nestas estações foi estabelecido um sistema de monitorização de dados meteorológicos relevantes para a ocorrência do míldio, e foram recomendadas medidas de proteção com base nestes dados.

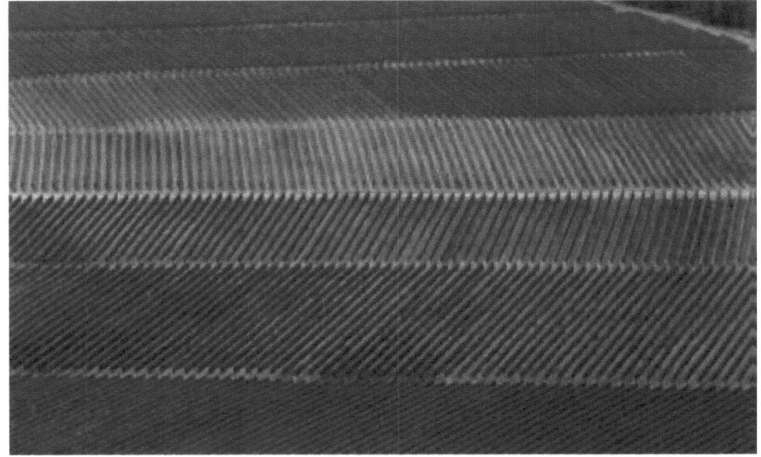

Figura 14. Vinha de plantação moderna

A criação da HEPOK, uma grande empresa pública, em 1966, deu um impulso especial à viticultura da Herzegovina, especialmente à viticultura estatal. A Hepok era uma empresa que combinava a produção e a transformação de uvas, o comércio de uvas, vinho e materiais de produção, bem como serviços profissionais e científicos. É de salientar que os serviços profissionais e científicos da Hepok também eram utilizados por particulares. Graças a grandes investimentos e a uma boa organização profissional, o número de vinhas plantadas estava a crescer rapidamente. No seu auge, no final dos anos oitenta, a Hepok contava com mais de 2.000 hectares de vinhas, de Mostar a Trebinje, de variedades de vinho e de mesa. As áreas totais de vinhas na Herzegovina também estavam a aumentar. Dos

3 210 hectares do pós-guerra, em 1954 a viticultura estendeu-se a cerca de 3 500 hectares, em 1975 a 5 100 hectares e no final da década de 1980 a viticultura estendeu-se a quase 6 000 hectares.

As actividades de guerra na Bósnia e Herzegovina nos anos noventa levaram novamente à estagnação da viticultura na Herzegovina. Como o antigo sistema comunista de organização social também desapareceu de cena, as antigas plantações de vinha em Hepok foram transferidas da propriedade do Estado para mãos privadas. Algumas delas fracassaram, mas a maioria continua a funcionar como instalações altamente produtivas. Foram também criadas novas plantações privadas de vinha em algumas das antigas áreas do sector social. A tecnologia de cultivo, tal como era praticada nas antigas vinhas de plantação da Hepok, foi introduzida atualmente em praticamente todas as vinhas da Herzegovina. Quase não existem mais vinhas sem reforço, enquanto a maquinaria substituiu totalmente o modo de produção tradicional.

Figura 15. Vinha "Kameni" (pedra) em Blizanci

Dada a falta de terras aráveis na Herzegovina, as vinhas foram instaladas em terrenos "virgens", anteriormente arborizados ou rochosos estéreis. Esta prática começou no início dos anos cinquenta, quando as vinhas cooperativas foram estabelecidas em terrenos florestais desbravados ou em terrenos rochosos. O estabelecimento de vinhas continuou mais tarde com a utilização de maquinaria potente em terrenos anteriormente não utilizados, de modo a que os terrenos estéreis se tornassem férteis. O melhor exemplo deste tipo de viticultura é a vinha de Blizanci (Figura 15), que foi plantada depois de o terreno, nitidamente cársico, ter sido melhorado para a cultura.

Nos últimos anos, temos assistido a uma melhoria cada vez mais frequente das zonas menos férteis ou inférteis do carste. Mas enquanto as empresas públicas o faziam anteriormente, os particulares fazem-no agora. Estes melhoramentos do carste para a produção de vinhas resultam em grandes parcelas, que normalmente são muito poucas nas propriedades privadas fragmentadas da Herzegovina. Com exceção das antigas parcelas de propriedade social, na Herzegovina é difícil encontrar uma parcela com uma área superior a 0,5 ha. A maioria situa-se entre 0,2 e 0,3 ha, o que é demonstrado pelas últimas ortofotografias. Por exemplo, cerca de 3.400 parcelas de vinhas de uma área total de aproximadamente 500 ha (sem a vinha da adega Citluk) foram registadas apenas na área do município de Citluk, sendo a área média das parcelas de 0,15 ha. Trata-se de zonas onde é difícil obter uma produção rentável com a utilização de tecnologias agrícolas modernas. As áreas maiores permitem a utilização de maquinaria, irrigação e outras medidas agrícolas. Existem muitas áreas potenciais para a cultura da vinha que são propriedade do Estado, mas o seu cultivo exige grandes investimentos. Já existem muitos exemplos de vinhas estabelecidas em solos anteriormente estéreis e rochosos numa série de áreas da região vinícola de Mostar, principalmente em torno de Ljubuski, Citluk e Stolac.

Para além de tirarem partido das novas áreas, os herzegovinos também melhoram as condições de produção. Na Herzegovina, são frequentes os anos em que a produção falha devido à seca. Para evitar que isso aconteça, os viticultores introduzem sistemas de irrigação gota a gota nas vinhas. Como não há água corrente na maior parte das zonas vitícolas, os viticultores perfuram poços para alcançar as fontes de água subterrânea. Não é raro que perfurem até mais de 200 m de profundidade para chegar à água. A água é bombeada dos poços subterrâneos e distribuída nas vinhas. Deste modo, aplicando tecnologias modernas em todas as fases da produção, os viticultores da Herzegovina obtêm bons rendimentos, mantêm a qualidade das castas populares e, aumentando a produtividade da produção, garantem o futuro da viticultura da Herzegovina.

Figura 16. A parcela de amostragem antes e depois da lavoura[4]

Causas do desaparecimento das videiras na Bósnia

Até ao início do século XIX, a história da viticultura da Bósnia e Herzegovina era tanto a história da viticultura na Bósnia como a da viticultura na Herzegovina. Há muitas provas da presença de videiras em várias zonas da Bósnia, mesmo nas actuais condições climáticas desfavoráveis. No entanto, nos últimos cem anos, as videiras só foram cultivadas nas zonas meridionais da Bósnia e Herzegovina, ou melhor, apenas nas zonas da Herzegovina com clima mediterrânico ou no perímetro dessa zona climática. Por conseguinte, nos últimos 100-150 anos, a

---

[4] Um investigador famoso disse: *Noutras regiões, as pessoas fazem frutos do solo, na Herzegovina também têm de "fazer" o solo.*

51

viticultura da Bósnia e Herzegovina pode ser referida quase exclusivamente como a viticultura da Herzegovina.

O que é que aconteceu à "Bósnia - viticultura e vitivinicultura" (Kraljevic, 2006) para ficar sem videiras? Com exceção da zona de Prozor, onde a vinha foi bastante bem mantida até à Segunda Guerra Mundial, em toda a área da Bósnia, na altura da ocupação austro-húngara, havia cerca de vinte hectares de vinhas. O exemplo de Tuzla é drástico neste contexto. Na zona da Alta e da Baixa Tuzla, no período pré-otomano, existiam várias centenas de hectares de vinhas (Handzic, 1975), ao passo que no final do domínio otomano, durante a ocupação austro-húngara, apenas foram encontrados dois hectares de vinhas abandonadas nessa zona. Deve dizer-se que as videiras não desapareceram da Bósnia de um dia para o outro. Trata-se de um processo que durou desde o final do século XV, ou seja, desde a chegada dos otomanos a estas zonas, até meados do século XX.

As razões que contribuíram para isso são muitas, desde a islamização do país, a deslocação da população cristã, o aparecimento de novas doenças e pragas da videira, até às alterações climáticas dos últimos séculos. A primeira e provavelmente a mais importante razão para a diminuição da cultura da vinha é a islamização da população no período otomano. O Corão proíbe os muçulmanos de consumir álcool e, assim que começou a islamização da população local, começou também a redução do consumo de vinho e a redução da área de vinhas. Como a população cristã estava a diminuir, a procura de vinho era menor.

Sabe-se que os muçulmanos tinham vinhas, mas não produziam vinho, mas utilizavam uvas frescas ou produziam outros produtos não alcoólicos a partir do mosto. Evliya Celebi (1996) escreveu que os muçulmanos de Sarajevo e Banja Luka tinham bebidas especiais à base de mosto, conhecidas como "ramazanija" e "hardalija", que eram, na realidade, tipos de vinho de sobremesa parcialmente fervidos. Durante a cozedura, adicionavam várias especiarias ao mosto novo para neutralizar o cheiro do vinho e evitar a fermentação. Como escreve Celebi, a ramazanija refresca e fortalece o homem para a oração, e os imãs tinham a melhor ramazanija. A partir do mosto estufado, faziam "chufter", uma espécie de geleia de uva. A chufter tinha um sabor adocicado muito agradável e costumava ser consumida como sobremesa, juntamente com amêndoas, nozes e figos secos. É interessante o facto de a preparação de chufter ter sobrevivido como tradição apenas em Brotnjo (o município de Citluk), enquanto noutras áreas é difícil encontrá-la.

Figura 17. Chufter, doces orientais de mosto cozido

O impacto da islamização no estado da viticultura pode ser claramente observado no exemplo de Foca e Gorazde, cidades onde a viticultura era muito desenvolvida na época pré-otomana e que hoje desapareceu completamente. Para estas localidades, existem registos cadastrais que abrangem um intervalo de um século de domínio otomano. O primeiro registo foi feito em 1477, imediatamente após a captura otomana da Bósnia-Herzegovina, e o segundo em 1585. Durante o primeiro registo, quase não havia muçulmanos nestas cidades, enquanto em 1585 a islamização estava no fim, pelo que, por exemplo, havia mais de 90% da população muçulmana em Foca. Em 1477, foram produzidas 82 toneladas de mosto na Foca propriamente dita, e em 1585 apenas 19 toneladas. Mas, ao mesmo tempo, foram registados em Foca cerca de 300 dunams[5] de vinhas pertencentes aos muçulmanos. Assim, as superfícies de vinha ainda não tinham diminuído substancialmente, mas a estrutura de produção ou de consumo de uvas tinha-se alterado. Infelizmente, não temos acesso a registos posteriores, pelo que não sabemos quando é que a viticultura desapareceu nesta área.

Embora os muçulmanos estivessem proibidos de consumir álcool, muitos deles não o cumpriram, apesar das severas penalizações. Em 1737, o vizir bósnio Ali Pasha Hekim-oglu proibiu a produção e a venda de bebidas tanto a cristãos como a muçulmanos (Kresevljakovic, 1949). Mas essa proibição foi de curta duração, pelo que havia indivíduos propensos ao álcool, mesmo entre as pessoas espirituais muçulmanas. De acordo com um documento, um grupo de muçulmanos de um bairro de Mostar queixou-se ao qadi de que o seu imã estava constantemente a beber bebidas alcoólicas e o juiz suspendeu-o das suas funções (Mujic, 1955). Muitas canções populares também referem o consumo de álcool entre os muçulmanos, como "Agas of Sarajevo drink wine", mas no final diz-se que foram "servidos pela senhora do bar Janja", ou seja, uma não muçulmana. No entanto, como Mujic salientou, o Estado

---

[5] No tempo dos otomanos, um dunam correspondia a cerca de 900 m^2

estava interessado em aumentar as receitas provenientes de vários impostos sobre o vinho, pelo que não se esforçou muito por impor rigorosamente a proibição do consumo de álcool, pelo menos entre os cristãos.

Uma outra causa importante do desaparecimento da vinha é a diminuição ou o declínio da população cristã, nomeadamente católica. Na Bósnia, nos tempos pré-otomanos, havia numerosos mosteiros e igrejas católicas que tinham as suas próprias vinhas, e alguns deles eram grandes e exemplares viticultores. A maioria destes mosteiros e igrejas foi destruída durante as invasões turcas ou as subsequentes campanhas de guerra, e os padres foram mortos ou exilados, o que também teve um efeito adverso no estado da viticultura. Isto foi especialmente verdade na região do norte da Bósnia. Durante quase todo o século XVI e uma parte do século XVII, a Turquia e a Áustria travaram guerras nas regiões da Eslavónia e da Hungria, e essas guerras também se reflectiram na população do norte da Bósnia, que migrou para a Eslavónia ou regressou à Bósnia, mantendo as propriedades na Eslavónia (Zivkovic, 2002).

As guerras tiveram um impacto extremamente negativo na situação da viticultura. A deslocação da população local e a imigração de outras zonas para a nova região interromperam a continuidade do cultivo da vinha. De certa forma, os viticultores constituem a "elite" dos agricultores, porque a perícia e o conhecimento da tecnologia são importantes no cultivo da vinha, especialmente na preparação do vinho, e os novos colonos ainda não a dominavam. Foi o que aconteceu também na região do norte da Bósnia. Em vez de deslocar a população católica, os turcos instalaram vlachs e muçulmanos que não se dedicavam à viticultura. Os Vlachs eram maioritariamente criadores de gado e, após a conquista turca, a população cristã nativa também fugiu para as montanhas e dedicou-se à criação de gado em vez da agricultura, da fruticultura e da viticultura. Este facto é confirmado por Kuripesic (1950), que escreve que, para além das estradas, a terra era cultivada da pior forma, porque os turcos, viajando de um lado para o outro, apoderavam-se à força das terras e de tudo o que a população possuía, sem pagar nada por isso. É por isso que, como escreve ainda Kuripesic, "com todos os seus bens, as pessoas pobres fogem para as montanhas e para os pastos férteis, longe das estradas, e aí cultivam as suas terras". Assim, a continuidade do cultivo da vinha foi simplesmente interrompida pelas guerras e pelas constantes migrações da população, e foi difícil restabelecê-la.

Figura 18. À sombra da treliça do mosteiro

Uma das razões para a diminuição ou o desaparecimento da videira na área continental da Bósnia e Herzegovina pode ser as alterações climáticas. Não há dúvida de que, na Idade Média, a videira na Bósnia e Herzegovina era amplamente cultivada em zonas onde atualmente não existe, como Gorazde, Visegrad, Srebrenica, Olovo e Zenica. Os climatologistas defendem que o chamado "Ótimo Climático Medieval" (período de aquecimento medieval) ocorreu no hemisfério norte entre 900 e 1300, seguido da "pequena idade do gelo" que durou até meados do século XIX (Ladurie, 1971). Há provas de que existiam 139 vinhas bastante grandes em Inglaterra e no País de Gales na época do rei Henrique VIII (English.wine.com). À medida que o clima ia mudando, estas vinhas iam desaparecendo.

Na sua obra "Mediterrâneo", Fernand Braudel (1949) expõe numerosos factos que indicam que o clima mediterrânico, ou europeu, se deteriorou na segunda metade do século XVI. Stojanovic (1977) considera que, numa perspetiva a longo prazo, a fase fria e húmida na Europa terminou em 1850, tendo sido substituída por uma fase quente e seca que durou um século. Desde então, as temperaturas médias anuais aumentaram meio grau Celsius em cinquenta anos e o mesmo aconteceu em toda a região dos Balcãs, exceto na Grécia. É difícil dizer se as alterações climáticas contribuíram para o desaparecimento gradual da videira nas zonas continentais da Bósnia e Herzegovina e em que medida, mas existe uma grande possibilidade de que este fenómeno, em sinergia com outros factores adversos, tenha contribuído para o declínio da viticultura em algumas partes da Bósnia e Herzegovina. Em apoio desta afirmação, podemos mencionar o facto de que, em algumas zonas claramente muçulmanas, como Konjic, Stolac e os arredores de Mostar, as uvas foram amplamente cultivadas durante o período otomano.

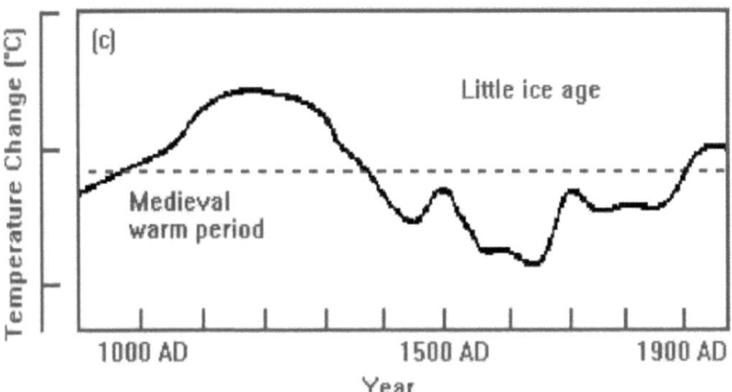

Figura 19. Alterações climáticas do século X ao século XX

Nos séculos X e XI, registou-se um pequeno aquecimento global significativo, quando o gelo ártico e os glaciares da Gronelândia tinham derretido em grande parte, pelo que os vikings se instalaram na Gronelândia e aí se dedicaram à agricultura e à criação de gado, navegando livremente nos mares árcticos sem glaciares. Kulischer (1957) escreve que, na região do Danúbio, só no século XII se registou uma grande expansão da viticultura, embora no médio Reno essa expansão tenha sido comprovada já no século VI. É possível que, durante esse período, a vinha se tenha estendido a zonas atualmente inadequadas, como Gorazde, Visegrad, Kladanj, o curso médio do rio Bosna, etc. Depois disso, começou uma pequena idade do gelo. Sabe-se que no final do século XVI e no início do século XVII, no inverno, o norte do Adriático esteve durante meses sob um espesso manto de gelo sobre o qual se moviam trenós, a neve caía mesmo no verão, o frio destruía em grande parte as culturas agrícolas, a fome e as guerras por alimentos tornaram-se comuns. (Paar, 2013). Argumenta-se que o pico do período quente medieval foi mais elevado em 2°C do que atualmente, e na pequena idade do gelo o limite inferior foi mais baixo em dois graus do que atualmente, o que significa uma diferença de 4°C no pior cenário (Figura 19., http://openyoureyes.com).

O aparecimento da filoxera, do míldio e do oídio no final do século XIX e no início do século XX, doenças da videira até então desconhecidas na nossa região, pode também ter tido alguns efeitos no desaparecimento da videira na Bósnia. Nessa altura, o cultivo da videira não incluía a aplicação de qualquer proteção, pelo que a introdução da proteção obrigatória com o aparecimento de novas doenças aumentou significativamente os custos de produção. O clima é mais húmido e frio na Bósnia do que na Herzegovina, pelo que os ataques dos agentes patogénicos eram mais fortes e a proteção mais difícil. Na Bósnia, a filoxera apareceu cerca de dez anos mais cedo do que na Herzegovina e, após a filoxera, praticamente não houve renovação das vinhas.

À medida que a viticultura na Bósnia foi diminuindo gradualmente, a fruticultura foi-se desenvolvendo cada vez mais. No norte da Bósnia, as ameixeiras tornaram-se as mais difundidas e, assim, a cultura da ameixa substituiu a viticultura. Na Bósnia, a Turquia encontrou a viticultura desenvolvida e, por outro lado, a Áustria-Hungria encontrou uma viticultura marginalmente desenvolvida e uma cultura de ameixa desenvolvida. A ameixa preta (Bistrica - Pozegaca) espalhou-se sobretudo nas antigas zonas vitícolas. A ameixa tornou-se a cultura tradicional da Bósnia e o brandy de ameixa, apesar da proibição religiosa, era de certa forma "a bebida nacional" dos bósnios, bem como de outros povos eslavos. Enquanto viajava pela Bósnia-Herzegovina, o capitão Roux-la-Mazeliere observou que os cristãos também substituíam a falta de vinho por aguardente de ameixa (Jelavic, 1906). Assim, durante o domínio otomano, em vez de "vitivinícola e vinícola", a Bósnia tornou-se "ameixoeira e ameixoeira".

Revitalização da viticultura no norte da Bósnia

Tatjana Jovanovic-Cvetkovic

A produção de uvas e de vinho na Bósnia e Herzegovina está tradicionalmente relacionada com a área de produção da Herzegovina. No entanto, a viticultura também se desenvolveu na Bósnia na época pré-otomana, especialmente nos vales dos rios. A partir do início do século XVII e durante o século XVIII, o processo de extinção das regiões vitícolas nas bacias dos rios bósnios Drina, Bosna, Una, Sana, Vrbas e Sava prosseguiu ininterruptamente. E enquanto a anteriormente entusiástica viticultura da Bósnia se reduziu, no período de 1800-1850, a "meros vestígios do antigo cultivo de vinhas em torno de Banja Luka", a viticultura da Herzegovina manteve-se bem e até progrediu ao longo do tempo.

Durante muito tempo, o norte da Bósnia, enquanto área potencial para a expansão da vinha, não foi objeto de quaisquer análises exaustivas que indicassem a possibilidade de viticultura neste habitat. As variedades antigas - híbridos produtores directos, conhecidos como mirisavkas (perfumados), foram cultivadas nestas zonas durante muitos anos. Só no final dos anos 60 é que foi decretada a proibição total destas castas em todas as zonas vitícolas e mesmo no norte da Bósnia. A partir daí, raramente surgiram vinhas nesta zona. No final da década de 1970, existiam cerca de dez hectares de vinha em toda a área do norte da Bósnia, principalmente de híbridos de produção direta. As iniciativas tomadas no período anterior (Vuksanovic, 1982; Mijatovic, 1987), com o objetivo de revitalizar a produção vitivinícola no Norte da Bósnia, não se revelaram bem sucedidas na prática. A introdução de novas variedades de uvas adequadas às condições de produção do Norte da Bósnia, seguida da introdução de híbridos interespecíficos na produção, não produziu resultados satisfatórios, principalmente devido à falta de tradição no cultivo de uvas.

A primeira introdução de cultivares na zona do norte da Bósnia

As primeiras tentativas para renovar as vinhas e ajudar a viticultura, enquanto ramo, a ganhar terreno no norte da Bósnia começaram em 1981, com a criação de plantações experimentais com variedades introduzidas que se verificou serem relativamente resistentes às baixas temperaturas de inverno e a algumas doenças fúngicas nos seus países de origem.

Neste período, a Faculdade de Agricultura de Sarajevo candidatou-se e foi-lhe dada a oportunidade de executar o projeto que visava renovar a viticultura na zona do norte da Bósnia. Foi efectuada uma análise exaustiva de um grande número de locais na região, em termos de condições climáticas e de solo, antes de iniciar o projeto e de estabelecer plantações de vinha. Foram seleccionados sete locais na zona mais vasta do norte da Bósnia, nos municípios de Gradacac, Modrica, Derventa, Dubica e Gradiska, para a continuação da execução do projeto.

Considerando que o cultivo da vinha não tinha qualquer tradição nestas áreas, o maior problema na implementação do projeto foi a posição dos produtores que não estavam dispostos a iniciar a produção de vinho nas suas propriedades. Foram estabelecidas plantações de teste com as variedades padrão e as então novas variedades com produtores que concordaram em cooperar.

Tendo em conta as condições climáticas específicas, foi plantado em todos os locais um número bastante elevado de castas com diferentes épocas de maturação, desde as mais precoces até às castas que amadurecem no final da terceira época. Cada variedade foi representada por cinco videiras (quadro 3).

Quadro 3: Variedades testadas nos ensaios no norte da Bósnia

White wine varieties		Šasla bijela, Burgundac sivi, Traminac crveni, Neoplanta, Župljanka, Rizling rajnski, Rizling italijanski, Rkaciteli
Red wine varieties		Game bojadiser, Alikant buše, Prokupac
Table varieties	*Earliest*	Biserka rana, Beogradska rana, Opuzenska rana, Gročanka, Demir kapija, Kraljica vinograda, Julski muskat.
	Eearly	Radmilovački muskat, Erli muskat
	Medium early:	Ribijer, Smederevski muskat, Beogradska besjemena
	Late	Muskat hamburg, Afus ali, Smederevka

A conclusão de que a cultura da vinha no norte da Bósnia era viável e justificada foi alcançada após um período de seis anos de execução do projeto. Nessa altura, o fator limitante era o fator humano e a posição ainda pouco clara dos produtores locais quanto às possibilidades e perspectivas da produção de uvas. Esta situação foi particularmente agravada pela falta de serviços profissionais capazes de apoiar esta produção com os seus serviços de aconselhamento em todos os aspectos da produção.

Os esforços para intensificar a produção vitivinícola na região do norte da Bósnia durante este período foram significativamente dificultados pela atitude tradicional dos produtores em relação a algumas espécies frutícolas (especialmente ameixas, e depois também maçãs e pêras) e por um nível relativamente satisfatório de produção destas espécies, que resultou em lucros económicos para os produtores.

Figura 20. Experiência com uma nova cultivar no norte da Bósnia

A segunda introdução de cultivares na zona do norte da Bósnia

As mudanças nas pessoas e o empenhamento de certos funcionários municipais e estatais no apoio à produção de vinhas nos últimos vinte anos resultaram na melhoria da viticultura no norte da Bósnia. O processo de produção de material de plantação de vinha foi também iniciado na mesma altura, resultando em mais de 200 000 vinhas enxertadas produzidas no período de 2000-2011 nas zonas do norte da Bósnia. Toda a produção foi comercializada localmente, o que deu um impulso significativo à viticultura. Infelizmente, as variedades que não são adequadas para as condições continentais e que apresentam uma elevada sensibilidade às baixas temperaturas de inverno, como a Vranac, a Kardinal, a Kraljica vinograda, etc., foram introduzidas espontaneamente durante este período. Muitas vinhas com uma seleção de cultivares adaptadas às condições locais de clima e solo foram estabelecidas em vários locais durante este período (quadro 4).

Quadro 4: Cultivares de videira testadas durante a segunda introdução

Site*	Cultivars
Klekovci (Dubica)	Chardonnay, Graševina, Sauvignon blanc, Pinot blanc, Traminac, Muscat ottonel Pinot noir
Slatina (Laktaši)	Chardonnay, Sauvignon blanc, Riesling rajnski, Muscat ottonel Pinot noir, Cabernet Sauvignon
Mahovljani (Laktaši)	Riesling rajnski, Cabernet Sauvignon
Jablan (Laktaši)	Chardonnay, Graševina, Sauvignon blanc, Pinot gris, Merlot, Cabernet Sauvignon, Frankovka
Markovac (Čelinac)	Chardonnay, Riesling rajnski, Pinot blanc Frankovka, Merlot, Cabernet Sauvignon
Lišnja (Prnjavor)	Chardonnay, Riesling rajnski Pinot noir, Cabernet Sauvignon, Frankovka, Merlot, Syrah
Štrpci (Prnjavor)	Riesling rajinski, Tokajac, Proseco, Chardonnay, Cabernet franc, Cabernet Sauvignon, Merlot
Vijačani (Prnjavor)	Chardonnay, Traminac, Sauvignon blanc, Pinot blanc Pinot noir, Cabernet Sauvignon
Mašinci (Derventa)	Pinot blanc, Pinot gris, Chardonnay Pinot noir, Merlot, Frankovka

* As superfícies destas vinhas variam de 4 a 8 ha.

Para além das supramencionadas, foram estabelecidas plantações de vinha de menor dimensão, entre 0,5 e 2 ha, nos territórios dos municípios de Prijedor, Dubica, Gradiska, Laktasi, Banja Luka, Prnjavor, Teslic, Derventa e outros municípios da parte norte da República da Srpska.

Figura 21. Viveiro de recolha no norte da Bósnia

Tendo em conta que as videiras eram cultivadas em estado selvagem (produtores directos híbridos - mirisavkas) nesta área desde tempos antigos, as recomendações para a plantação de vinhas mais pequenas dedicaram mais atenção a novos híbridos de uvas interespecíficos que não requerem níveis elevados de aplicação de medidas agro-técnicas ou ampelotécnicas. Por conseguinte, em 2008, a Faculdade de Agricultura da Universidade de Banja Luka iniciou actividades destinadas a estabelecer uma vinha de coleção na área da aldeia de Sjeverovac (Dubica). O tipo de solo predominante no local é o vertisol - smonica (solo argiloso), com uma reação fortemente ácida do solo. O teor de húmus e de potássio facilmente disponível é médio, enquanto o teor de fósforo facilmente disponível é baixo. A temperatura média anual do ar é de 12^0 C, na vegetação 18^0 C, e a soma anual de precipitação é de cerca de 800 mm.

Foram plantadas dez videiras de cada cultivar. A coleção contém 10 cultivares de vinho e 10 cultivares de mesa originárias de *Vitis vinifera* L. Para além destas, a coleção inclui ainda 29 híbridos interespecíficos.

Todas as cultivares são cultivadas num único sistema Guyot com aplicação de podas combinadas. A distância de plantação é de 3 x 1m. As medidas agro-técnicas e empelo-técnicas habituais são aplicadas na plantação, com um menor número de tratamentos nas cultivares de tipo interespecífico.

Entre outras, encontram-se aí as seguintes cultivares de híbridos interespecíficos:

-cultivares de vinho branco: Panonia, Petra, Morava, Villard blanc, Merzling, Bianca, Kunbarat e outras

-cultivares de vinho tinto: Chancelor, Villard noir e algumas outras.

-cultivares de mesa : Lasta, Karmen, Moldova, Esther, Muscat St. Vallier, e algumas outras.

A coleção contém também as conhecidas cultivares de vinho e de mesa:

-cultivares de vinho branco   : Rizling italijanski, Rizling SK 54, Chardonnay, Sila, Muscat Otonel e Chasselas rose.

-cultivares de vinho tinto   : Caberne Sauvignon, Merlot, Pinot noir, Probus e Frankovka

-cultivares de mesa   : Italija, Palatina, Grocanka, Earli muscat, Beogradska rana, Beogradska besjemena, Matilde, Muskat hamburg, Black magic e Pallieri.

A segunda introdução e os estudos efectuados foram bem sucedidos, pelo que as videiras se têm vindo a propagar cada vez mais na região do norte da Bósnia nos últimos quinze anos, aproximadamente.

Referências

Alicic, A. 1985. Poimenicni popis sandzaka vilajeta Hercegovine iz 1475. - 1477. Instituto Orijentalni, Sarajevo.

Alicic Ahmed 1980. Desetina u Bosni polovinom XIX vijeka. Prilozi instituta za istoriju, 17, 129-174.

Alicic, A. 2000. Opsirni popis Bosanskog sandzaka iz 1604. godine. Instituto Orijentalni de Sarajevo.

Alicic, A.S., Spaho, F.Dz., 2007. Opsirni popis Kliskog sandzaka iz 1550. godine. Orijentalni institut u Sarajevu.

Alicic, A. 2014. Opsirni katastarski popis za oblast Hercegovu iz 1585. Dobra knjiga, Sarajevo.

Arroyo Gartfa, R.A., Revilla, E. 2013. O estado atual das populações selvagens de videira (*Vitis vinifera* ssp *sylvestris*) na bacia do Mediterrâneo O Código Genético Mediterrânico - Uva e Azeitona, Dr. Barbara Sladonja (Ed.)

Babic, M. 2007. Anticko nasljede vinogradarstva u juznoj rimskoj Panoniji zamijenjeno sljivicima nakon turske okupacije. Histria antiqua, 15:445-454.

Beck Managetta, G. 1896. Plodovi i sjemenje iz sojenica u Ripcu. Glasnik Zemaljskog muzeja 8:43-48.

Benac, A. 1951. O ishrani prethistorijskih stanovnika Bosne i Hercegovine. Glasnik Zemaljskog muzeja 5: 271-279.

Blagojevic, M. 1955. Plamenjaca vinove loze. Vinogradarstvo i vinarstvo Hercegovine, 70-73. Prva hercegovacka izlozba vina, Mostar.

Bojanovski, I. 1988. Bosna i Hercegovina u anticko doba, ANUBIH, Sarajevo

Braudel, F. 1949. La Mediterranee et le monde mediterraneen a l'epoque de

Philppe II. Paris: Armand Colin.

Boue, A. 1840. La Turquie d'Europe. Paris.

Celebija, E. 1996. Putopisi, odlomci o jugoslovenskim zemljama, "Sarajevo -

Publicação[44] , preveo Hazim Sabanovic.

Covic, B. 1976. Od Butmira do Ilira.

Cirkovic, S. 1964. Herceg Stefan Kosaca i njegovo doba. Naucno delo, Beograd. Glicksman, K. 2007. Olive and vine cultivation in the Roman province of Dalmatia, Histria antiqua 15: 43 - 50.

Grmek, M.D. 1950. Otrovna pica i otrovi antiknih Ilira. Farmaceutski glasnik 6:33-38.

Handzic, A. 1975. Tuzla i njena okolina u XVI vijeku. Svjetlost, Sarajevo.

Jelavic, V. 1906. Franceska izvjesca o Bosni. Glasnik Zemaljskog muzeja, 3:307-341.

Jirecek, J.K. 1984. Istorija Srba. Slovo ljubve, Beograd, preveo Jovan Radovic.

Jukic, I.F. 1851. Zemljopis i povjestnica Bosne. Zagreb.

Kraljevic, R. 2006. Bosanska i Hercegovacka vinogradarska bastina (1800. - 1878.). Mostar.

Kresevljakovic, H- 1949. Gradska privreda i esnafi u BiH. Godisnjak istorijskog drustva BiH, 1:168-209.

Kuri, F. 1955. Vinogradarstvo Hercegovine. Vinogradarstvo i vinarstvo Hercegovine, 10 - 19. I. Hercegovacka izlozba vina, Mostar, 7 - 17. svibnja 1955.

Kuripesic, B. 1950. Putopis kroz Bosnu, Srbiju, Bugarsku i Rumeliju 1530. Svjetlost Sarajevo, preveo Borde Pejanovic.

Ladurie, E. le Roy, 1971. Times of Feast, Times of Famine: a History of Climate Since the Year 1000 (Tempos de Festa, Tempos de Fome: uma

História do Clima desde o Ano 1000). Barbara Bray. Garden City, NY: Doubleday.

Região da Bósnia e Herzegovina. 1899. Die Landwirtschaft in Bosnien und der Hercegovina. Landesdruckerei Sarajevo.

Lovrenovic, M. 1928. hercegovacki podrumari su zasluzili bolju buducnost. Vecernja posta, Sarajevo br. 2250 od 24.1.2.1928.

Majnaric-Pandzic, N. 1970. Keltsko-latenska kultura u Slavoniji i Srijemu. Vinkovci.

Maly, K. 1904. Plodovi i sjemenje iz predhistorickih sojenica u Donjoj Dolini, Glasnik zemaljaskog muzeja 16:487-492.

Maric, Z. 1996. Rezultati ispitivanja utvrdenog ilirskog grada kod Osanica blizu Stoca (II dio). Hercegovina, godisnjak za kulturno i povijesno naslijede br. 2(10):7 - 34.

Mijatovic, D. , Vuksanovic, P. (1987) Interspecies hibridi i njihova perspektiva za sirenje na podrucju sjeverne Bosne. Poljoprivredni pregled, br. 1, 2 i 3, Sarajevo.

Mujic, M.A. 1955. Prilog proucavanju uzivanja alkoholnih pica u Bosni i Hercegovini pod osmanskom vlascu. Prilozi za orijentalnu filologiju 19:287298.

Mujic, M. 1987. Sidzil mostarskog kadije 1632 -1634. Prva knjizevna komuna, Mostar.

Mulic, J. 2001. Konjic i njegova okolina u vrijeme osmanske vladavine (1464. - 1878.), Konjic, biblioteka Kulturno naslijede.

Mulic, J. 2010. Konjic i njegova okolina u srednjem vijeku. Konjic, biblioteka Kulturno naslijede.

Paar, V. 2013. Prijeti nam 'malo' ledeno doba. http://www.dnevno.hr/vijesti/hrvatska/82423-akademik-paar-prijeti-nammalo- ledeno-doba-kao-za-vrijeme-2-svjetskog-rata.html

Patsch, C. 1922. Herzegowina einst und jetzt. Wien.

Stojanovic, T 1997. Balkanski svetovi, Equilibrium Beograd, 1997, prevela Ivana Dordevic

Skegro Ante. 2004. Tragovi uzgoja vinove loze i maslina u dubljem zaledu istocnog Jadrana u antici. Histria antiqua, 12:125-132.

Thoemmel, G. 1867. Geschichtliche, politische und topographisch-statistische Beschreibung des Vilajet Bosnien. Wien.

Vego, M. 1937. Povijest Humske zemlje. Samobor, Tiskara Dragutin Spuller.

Vuksanovic, P. i sar. (1977) Rejonizacija vinogradarstva Bosne i Hercegovine.
Sarajevo.

Vuksanovic, P., Mijatovic, D. (1982) Neka iskustva sa gajenjem vinove loze na podrucju sjeverne Bosne. Radovi Poljoprivrednog fakulteta, 34 st. 117-124, Sarajevo.

Zaninovic, M. 1996. Iliri i vinova loza. Od Helena do Hrvata str. 385. - 393, Skolska knjiga Zagreb.

Zivkovic, P. 2002. Usora i Soli u prva dva stoljeca turske prevlasti.
Hercegovina, godisnjak za kulturno i povijesno nasljede 8-9: http://openyoureysnews.com/2010/09/27

CAPÍTULO 3

CONDIÇÕES DE PRODUÇÃO

Condições agro-ecológicas da produção de uvas

Viktor Lasic

Os factores mais importantes das condições de crescimento das uvas são o clima e o solo. O impacto destes factores pode ser alterado, em certa medida, através da escolha da cultivar e do porta-enxerto, da seleção de material de plantação de alta qualidade (isento de vírus) e da aplicação de medidas agro-técnicas adequadas. O conhecimento das variedades e dos porta-enxertos de videira é essencial para a produção, uma vez que estes têm exigências diferentes em termos de clima e de solo. As exigências do clima e do solo são características específicas da espécie e da cultivar, adquiridas durante o desenvolvimento filogenético e evolutivo.

Factores climáticos

O clima tem um efeito decisivo na determinação da aptidão de uma zona para a cultura da vinha. Os elementos macroclimáticos são utilizados para determinar a aptidão para a cultura da vinha em áreas mais vastas, como as zonas, subzonas e regiões vitícolas, enquanto a avaliação de áreas mais estreitas, como os sítios, utiliza elementos mesoclimáticos ou microclimáticos (ventos locais, ocorrência de geada, granizo e nevoeiro). Antes de plantar uma vinha, é necessário conhecer bem o clima da zona durante vários anos e selecionar as cultivares de videiras adequadas para a plantação nestas condições climáticas. Dada a importância de conhecer as condições ambientais para a produção da vinha, os países vitivinícolas elaboram um documento intitulado "Zonagem da produção de uvas", que trata os elementos climáticos das zonas para os locais durante um período de vários anos (pelo menos 10 anos). Do ponto de vista da produção vitícola, os elementos macroclimáticos cruciais são: temperaturas, insolação, humidade e ventos.

Como indicador das características térmicas é mais frequentemente utilizado o coeficiente térmico, que é calculado pela seguinte fórmula:

$$TK = \frac{tX - tIV}{A} \cdot 100$$

TK = coeficiente térmico tX = temperatura média mensal para outubro

tIV = temperatura média mensal do mês de abril

A = flutuação anual das temperaturas do ar

Quando o valor calculado de TK é superior a 15%, então as condições climáticas marítimas são assinaladas. Estas condições são favoráveis à cultura da vinha. Os valores inferiores a 15% indicam as condições do clima continental. A diminuição do valor de TK, mesmo para um valor negativo, indica uma continentalidade acentuada do clima, reduzindo assim os benefícios para a cultura da vinha.

Temperaturas

Para que seja possível cultivar uvas, é necessário conhecer a temperatura média anual do ar, a temperatura média do ar em vegetação e as somas de temperatura, anual e em vegetação, durante um período de vários anos. É igualmente necessário conhecer a influência das baixas temperaturas do ar e das altas temperaturas do ar e a duração do período de vegetação para a zona em causa. A videira pode ser cultivada com sucesso em zonas cuja temperatura média anual do ar, durante vários anos, se situe entre 9^0 C e 21^0

C. No seu ciclo anual, a videira tem diferentes necessidades de calor em diferentes fases de desenvolvimento. O início da vegetação, ou a fenofase de abertura dos gomos, requer vários dias de temperatura média diária do ar superior a 10^0 C. Na prática vitícola, a temperatura média diária do ar de 10^0 C é designada por zero biológico. O início da fenofase de floração requer temperaturas médias diárias do ar superiores a 15^0 C. O pintor da uva requer temperaturas médias diárias do ar superiores a $16,5^0$ C e o fim da maturação requer temperaturas médias diárias do ar superiores a 12^0 C. As temperaturas óptimas na fenofase de floração situam-se entre 25^0 e 30^0 C e na fenofase de maturação da uva entre 28^0 e 32^0 C. As somas de temperatura são também importantes para a descrição das condições de temperatura para a produção vitícola. A soma anual da temperatura do ar é a soma das temperaturas médias diárias do ar. A soma das temperaturas activas do ar (a soma das temperaturas, a soma total dos graus de calor) é avaliada pela soma de todas as temperaturas médias diárias do ar de um período. A soma das temperaturas efectivas do ar é obtida através da soma de todas as temperaturas médias diárias do ar de um período, multiplicando o número de dias e os valores 10^0 C (zero biológico) para o mesmo período.

Com base na soma das temperaturas efectivas do ar, utilizando o exemplo da Califórnia, Winkler (1962) dividiu a produção de uvas em cinco zonas apresentadas no Quadro 5.

Quadro 5 Classificação das zonas vitícolas segundo Winkler

Wine-growing zone	Sum of effective air temperatures (^{0}C)
1.	Less than 1,390
2.	From 1,390 to 1,670
3.	From 1,670 to 1,945
4.	From 1,945 to 2,200
5.	More than 2,200

Em coerência com a classificação de Winkler que utiliza somas de temperaturas efectivas, a divisão em zonas A, B, c_1, c_2 e C3 foi feita na Europa em 1970. As zonas A e B destinam-se às zonas vitícolas do norte, enquanto as zonas c_2 e C3 se destinam às zonas vitícolas do sul. As zonas vitícolas do norte da Bósnia pertencem à zona c_1 e a zona vitícola da Herzegovina à zona c_2.

Os efeitos das baixas temperaturas nas videiras dependem das fases de desenvolvimento das videiras. As videiras são as mais sensíveis às baixas temperaturas na vegetação, especificamente os seus ramos na fase de crescimento intensivo, e são as mais resistentes durante a dormência. Para que a cultura da uva seja bem sucedida, a época de ocorrência das geadas do final da primavera e do início do outono, ou a duração do período sem geadas, é de importância crucial. Todas as regiões vitícolas da Bósnia e Herzegovina têm uma duração suficiente do período sem geadas para o cultivo de uvas.

As temperaturas elevadas podem também causar danos nos órgãos da videira. O crescimento e o desenvolvimento das videiras têm lugar a temperaturas até 38^0 C e, a temperaturas mais elevadas, os rebentos deixam de crescer. As temperaturas superiores a 40^0 C, se se mantiverem durante mais tempo, provocam danos nas folhas e nos bagos. Estas temperaturas ocorrem ocasionalmente na Herzegovina.

Luz solar

A aptidão de uma zona para a cultura da vinha, do ponto de vista da duração da insolação e das temperaturas efectivas, é expressa pelo **coeficiente helio-térmico.**

HTK = Te x Ss x 10^{-6}

HTK - Coeficiente heliotérmico

Te - Soma das temperaturas efectivas do ar (o C)

Ss - Duração da luz solar - insolação (horas)

Os valores óptimos do coeficiente helio-térmico para as zonas de cultivo da maior parte das cultivares de uva variam entre 2,8 e 4,5. As zonas com coeficientes helio-térmicos inferiores a 2,8 não são adequadas para a viticultura e representam o limite norte do cultivo.

Humidade

A videira é considerada uma espécie bastante resistente à seca, uma vez que é cultivada com sucesso em zonas com temperaturas elevadas e com relativamente pouca precipitação. A **precipitação** anual óptima para o cultivo da videira numa zona é de 600 mm a 800 mm. Estes valores devem ser tomados com um grão de sal porque as necessidades de água dependem da distribuição da precipitação. A videira apresenta o seu melhor potencial biológico em condições de **humidade relativa do ar** de 60% a 70%. Para exprimir a aptidão de uma zona para a cultura da vinha em termos de precipitação e de temperaturas activas do ar, utiliza-se o **coeficiente hidrotérmico** (segundo Seljaninov).

$$HTK = \frac{Ho*10}{Ta}HT$$

K - Coeficiente hidrotérmico

Ho - Soma das precipitações no período de vegetação (mm)

Ta - Soma das temperaturas activas do ar no período de vegetação (^{0} C)

Um valor do coeficiente hidrotérmico de 1 a 2 indica uma humidade do solo favorável à cultura da vinha.

O índice bioclimático é utilizado para avaliar a aptidão de uma zona para a viticultura. O índice bioclimático correlaciona a duração do período de vegetação e os elementos climáticos temperatura, luz solar e precipitação.

$$BKI = \frac{Ta \times Ss}{Ho \times Dv \times 10}$$

BKI - Índice bioclimático

Ta - Soma das temperaturas activas do ar no período de vegetação (^{0} C)

Ss - Duração da luz solar (horas)

Ho - Soma das precipitações no período de vegetação (mm)

Dv - Duração do período vegetativo (dias)

Os valores óptimos do índice bioclimático variam amplamente entre 3 e 10. Nas regiões vinícolas da Bósnia e Herzegovina, o índice bioclimático varia entre 3 e 5,2. O índice bioclimático e o coeficiente hidrotérmico não devem ser eliminatórios.

Figura 22. Irrigação por gotejamento

Vento

Os ventos podem ter um efeito adverso nas videiras, pelo que as zonas de barreira eólica são plantadas perpendicularmente à direção dos ventos para proteção em áreas com ventos fortes.

Alguns factores como a latitude geográfica, a altitude, o relevo, a proximidade de grandes massas de água e a proximidade de florestas podem levar a alterações dos elementos climáticos. A latitude geográfica é um fator limitante para o cultivo de espécies vegetais. A zona de cultivo da videira estende-se entre 25^0 e 52^0 de latitude geográfica norte. Este limite de cultivo não é uma linha reta, podendo estender-se para norte através de vales fluviais e encostas expostas ao sol até 58^0 latitude geográfica norte, e para sul a partir de 52^0, dependendo da altitude e das encostas sombrias. As condições mais favoráveis para o cultivo da videira situam-se entre 35^0 e 45^0 de latitude geográfica norte. No hemisfério sul, a área de cultivo da uva estende-se entre 30^0 e 45^0 de latitude geográfica sul. O Estado da Bósnia e Herzegovina estende-se entre 42^0 $34^{"}$ e 45^0 $16^{"}$ de latitude geográfica norte e está inteiramente dentro da zona de cultivo da uva. O cultivo da vinha em toda a área da Bósnia e Herzegovina é limitado por outros elementos climáticos.

A altitude afecta as temperaturas e a precipitação. À medida que a altitude aumenta em 100 m, a soma das temperaturas anuais diminui entre 190^0 C e 260^0 C. A maioria das vinhas da Herzegovina situa-se a altitudes entre 50 e 150 m. A vinha Visici situa-se a - 1 a 5 m acima do nível do mar e a vinha Trtle a 450 m acima do nível do mar. As vinhas do norte da Bósnia situam-se a uma altitude de 100-400 m acima do nível do mar. As altitudes de cultivo variam consoante a latitude geográfica e as condições climáticas. **A proximidade de grandes massas de água** (mares, lagos e rios) afecta o clima da região devido ao seu aquecimento e arrefecimento mais lentos. As flutuações de temperatura e de humidade são consideravelmente menores na proximidade de grandes massas de água, criando assim condições mais favoráveis para a cultura da uva.

O relevo afecta as condições de cultivo da uva através de elementos climáticos como a humidade e a temperatura. As colinas são mais favoráveis à cultura da vinha do que os vales, embora estes últimos tenham normalmente solos mais férteis. Tendo em conta a quantidade de calor e a exposição à luz solar, as exposições meridionais e ocidentais das colinas são mais adequadas do que as setentrionais e orientais. Nas condições da Herzegovina, as exposições a norte, a altitudes mais baixas, também podem ser utilizadas para o cultivo da vinha, porque as uvas e os rebentos podem amadurecer completamente graças às condições climáticas favoráveis. **As florestas** podem ter influência no clima, reduzindo os extremos de temperatura e aumentando a humidade do ar. A floresta pode funcionar como uma zona de proteção contra ventos fortes, evitando assim a quebra dos rebentos, e, ao reduzir os fluxos de ar, ajuda a manter a humidade.

Factores do solo

A videira é uma cultura que tem uma elevada adaptabilidade a vários tipos de solo. Esta capacidade das videiras deve-se ao sistema radicular, que tem a capacidade de penetrar profundamente no solo e de se expandir por uma área maior do terreno. As videiras podem ser cultivadas em solos em que outras culturas agrícolas não podem ser cultivadas ou cuja produção nesses solos não é económica. O valor de um solo para a produção agrícola depende da sua estrutura mecânica e das suas propriedades físicas e químicas. A composição mecânica do solo depende da presença e das proporções de fracções específicas do solo, tais como: areia, argila, rochas e pedras. Os solos mais favoráveis para a cultura da uva, em termos de estrutura do solo, são aqueles com estrutura granular, cujos grãos variam de 1 mm a 10 mm de tamanho. As propriedades físicas e as características químicas, bem como o pH dos solos, determinam a sua aptidão para a cultura da vinha. Os valores de pH mais favoráveis para o desenvolvimento da videira são de 6 a 6,5, e um crescimento e rendimento satisfatórios das uvas são alcançados em valores de pH de um mínimo de 5 a um máximo de 8,4. As propriedades físicas e químicas do solo podem ser significativamente melhoradas através de medidas agro-técnicas adequadas.

Devido à heterogeneidade da sua estrutura geológica e à influência de outros processos pedogenéticos, a Bósnia e Herzegovina tem um grande número de tipos e subtipos de solos. De acordo com as características gerais dos solos, podemos dividi-los em

1. **Os tipos de solos adequados para a produção vitivinícola** (com propriedades muito favoráveis ou com menos limitações para a produção vitivinícola) são: solos aluviais (Fluvisol), solos castanhos sobre calcário (Calcambisol), rendzinas (Humus-carbonate soil), solos castanhos eutróficos (Eutric Cambisol).

2. **Os tipos de solos potencialmente favoráveis à produção vitivinícola** (podem ser utilizados para a produção de uvas com medidas agro-técnicas) são Humofluvisol (solo de prado fluvial), smonica (Vertisol), terra preta sobre calcário e dolomite (Calcomelanosol), terra castanha ácida (cambissolo distrófico), terra loessivizada (Luvisol).

3. **Os tipos de solos desfavoráveis à produção vitícola** (solos em que a produção de uvas não é possível ou não é económica) são os seguintes: solos gleyicos, solos pantanosos, eugley, pseudogley.

Figura 23. Solo adequado para a videira

Quadro 6. Resumo tabular dos requisitos mais importantes da vinha para as condições de cultivo agro-ecológicas

		Grapevine	Note
S	**Soil depth**	30 – 60 cm	Principal root development zone
	Mechanical	Lighter, sandy, skeletal	Clayey soils are unfavorable.

O **I** **L**	structure	and soil on loess with high micro-biological activity	Fertile and deep soil contribute to greater vigor and productivity but poorer quality of crop.
	soil pH	5 -6	Depending on selection of rootstock
	Sensitivity to lime	10 – 40%	Depending on selection of rootstock
	Nutrient requirements	13-15 mg P_2O_5 per 100 g of soil 20-40 mg K_2O per 100 g of soil 2-3% of humus	Essential in small quantities: Fe, Mn, B, Ca and Mg.
C **L** **I** **M** **A** **T** **E**	**Optimum growth temp.**	$12 – 25^0$C	Average air temperature in vegetation is 12^0C
	Average annual	9^0 C	limiting temperature for cultivation
	Absolute min.	-26^0 C lasting for 24 hours	Above-ground part of vine is frozen
	Absolute max.	40^0C and higher	Parts of vine dry, and if lasting for several days the entire vine dries up
	Precipitation	600 – 800 mm annually	
	Winds	Direction and strength of wind	Define row extending directions
	Insolation	Important for progress of photosynthesis and accumulation of sugar	

	Geographic latitude	Temperate zone of north and south geographic latitude	between 42 and 45^0 north geographic latitude
R	**Altitude**	0 – 550 m asl	In our areas
E **L** **I** **E** **F**	**Position and gradient (exposition)**	Insolated, sloped and flat terrains of southern and southwestern orientation	

Zonagem da viticultura na Bósnia-Herzegovina[6]

Marijo Leko

A zonagem das zonas vitícolas é a determinação de unidades geográficas vitícolas com base nos parâmetros de clima, solo, topografia e factores sob controlo humano direto, como a variedade, o porta-enxerto, a tecnologia de produção, a tradição.... O conhecimento da zonagem é essencial para a rotulagem correcta dos vinhos; os vinhos de qualidade devem ostentar o nome da zona vitícola, os vinhos de qualidade superior também o da subzona vitícola, da região vitícola ou mesmo do local. Na agricultura, a zonagem representa geralmente a divisão de um território mais vasto em zonas mais estreitas que diferem em termos de características naturais e económicas. Na viticultura, a zonagem estabelece unidades vitícolas como a zona, a subzona, a região vitícola e o local.

Uma zona vitícola é uma área geográfica mais vasta, caracterizada por

---

[6] Este capítulo baseia-se no estudo Zoning of viticulture of the Socialist Republic of Bosnia and Herzegovina, efectuado em 1977 pelo Instituto de Fruticultura e Viticultura da Faculdade de Agricultura de Sarajevo.

condições climáticas, pedológicas e outras semelhantes, necessárias para o êxito da cultura da vinha.

A subzona vitícola é uma área geográfica mais restrita dentro de uma zona em que alguns dos factores agroecológicos variam tanto que conduzem a diferenças importantes no rendimento e na qualidade das uvas e do vinho.

A região vitícola é a categoria vitícola de base dentro de uma subzona que constitui uma unidade vitícola em termos agro-ecológicos. Para cada região vitícola são definidos grupos de cultivares e de porta-enxertos que melhor se adaptam às condições agro-ecológicas da zona e que, com uma tecnologia de produção adequada, permitem obter os melhores produtos.

A localização é uma parte de uma região vitícola que se caracteriza por condições agro-ecológicas uniformes, pelo que produz um vinho de uma qualidade específica.

O zoneamento abrange quase todas as áreas vitícolas do mundo e um dos objectivos é informar melhor os consumidores sobre o produto originário de uma determinada área. A qualidade do vinho é determinada pelas características da região vitivinícola ou do local de produção. A zonagem, enquanto disposição legal, garante que as informações sobre o produto fornecidas pelo fabricante são exactas.

Em termos de clima, a Bósnia e Herzegovina está dividida em três regiões climáticas: O clima adriático de altitude, no vale dos rios Neretva e Trebisnjica, a região climática da Europa Central, que inclui a zona baixa do nordeste da Bósnia, e o clima de altitude, que inclui as zonas central e ocidental da Bósnia e o norte da Herzegovina. A atual viticultura na Bósnia e Herzegovina situa-se quase exclusivamente na Herzegovina, especificamente na zona do sul da Herzegovina, com Konjic como a parte mais setentrional. Partes do norte da Bósnia que foram zonas de viticultura no passado estão atualmente praticamente sem videiras, embora as condições naturais permitam a produção de uvas. De facto, estas são potenciais zonas vitícolas da Bósnia e Herzegovina.

Programa de zonagem

Figura 24. Mapa das regiões vitícolas da Bósnia e Herzegovina

De acordo com o programa de zonagem da viticultura da Bósnia e Herzegovina, elaborado pela Faculdade de Agricultura de Sarajevo em 1977, a Bósnia e Herzegovina está dividida em duas zonas: a zona da Herzegovina e a zona do norte da Bósnia. A zona da Herzegovina foi originalmente (Kuri, 1955) dividida em duas subzonas, a do sul e a do norte. A subzona sul estava dividida em seis regiões vitícolas: Mostar, Brotnjo, Siroki Brijeg, Ljubuski, Dubrava e Trebisnjica. A subzona norte tinha apenas uma região vitícola, Konjic-Rama, no curso superior do rio Neretva, que se estende ao longo do vale do Neretva e do Rama. O novo zonamento também dividiu a zona da Herzegovina em duas subzonas: a subzona do médio Neretva e Trebisnjica, que é efetivamente a Herzegovina meridional, e a subzona de Rama, que é a zona setentrional. Tendo em conta as condições climáticas e pedológicas, a subzona do Médio Neretva e Trebisnjica divide-se em duas regiões vitícolas: Mostar e Siroki Brijeg[7] . A região vitícola de Mostar abrange toda a área vitícola do sul da Herzegovina, com exceção de Siroki Brijeg e Grude, que pertencem à região vitícola de Siroki Brijeg. Esta divisão não perdeu a sua pertinência, pelo que a utilizaremos.

A panorâmica seguinte apresenta as características mais importantes de cada região vitícola.

Subzona de Neretve e Trebisnjica

Região vinícola de Mostar

Coeficiente térmico (K)   8.8

Coeficiente helio-térmico (HTK_i)   5.9

Coeficiente hidrotérmico (HTK)   1.5

Índice bioclimático (BK)   5.2

Soma das temperaturas na vegetação ($°C(t_v)$) (IV - X)4.152°C

Temperatura média anual ($t°$)   14,3°C

Temperatura média na vegetação ($t°_v$)19.4 C_c

---

[7] No momento da redação deste artigo, a zonagem refere-se a esta região vitícola como Listica, uma vez que Siroki Brijeg se chamava então Listica e, a partir de 1990, o nome do município foi restaurado para Siroki Brijeg.

Duração da luz solar (horas) (D)   2,290

Duração média do período sem geada (em dias) (NF)283

Precipitação média anual (em mm) (H)   1,434

Precipitação média na vegetação (mm) (H_v) 630

Tipos mais comuns de solos de vinha: terra rossa, regossolos, rendzinas, solos castanhos sobre marga, depósitos aluviais, solos castanhos sobre calcário.

Existem vários locais na região vitícola de Mostar: vale (Mostar), Brotnjo, Ljubuski, Capljina, Dubrava, Stolac, Popovo Polje, Trebinje. Estas regiões eram regiões vitícolas de acordo com o antigo zonamento.

Figura 25. Vinhas da região vitícola de Mostar

Região vitícola de Siroki Brijeg

Coeficiente térmico   5.1

Coeficiente helio-térmico   5.0

Coeficiente hidrotérmico	1.8
Índices bioclimáticos	4.5
Soma das temperaturas na vegetação3	,837°C
Temperatura média anual12	,9°C
Temperatura média na vegetação18	.0°C
Duração do sol (horas)	1,717
Duração média do período sem geadas (dias)	205
Precipitação média anual (em mm)	1,691
Precipitação média na vegetação (mm)	685

Os tipos mais comuns de solos de vinhas: depósitos aluviais, terra rossa

Subzona de Rama

A subzona de Rama contém apenas uma região vitícola, a região de Jablanica, que abrange as zonas de Prozor, Jablanica e Konjic, anteriormente designada por região vitícola de Konjic-Rama. Atualmente, a região vitícola de Jablanica é mais uma categoria histórica e uma região vitícola potencial do que uma zona de produção real. A região vitícola de Jablanica participava com 15-20% no total da viticultura da Herzegovina, enquanto atualmente a área tem apenas alguns hectares. No entanto, recentemente, registaram-se várias tentativas de plantação de vinhas e de revitalização da viticultura na região. Em períodos específicos, as proporções da região vitícola de Jablanica nas zonas vitícolas da Herzegovina foram as seguintes 14% em 1912, 21,7% em 1922, 18,6% em 1940 e, em 1954, apenas 1,6%. Atualmente, a maior parte desta região vitivinícola está coberta pelo lago Jablanica, pelo que a maior parte das vinhas desta região vitivinícola se perdeu com a construção do reservatório, porque as vinhas estavam situadas ao longo do Neretva e do Rama. Descrevendo Konjic nos seus diários de viagem, Evliya Celebi escreveu que havia numerosas vinhas e jardins ao longo do Neretva. Pelas suas características, esta região vitícola é substancialmente diferente da subzona sul. Está rodeada de altas montanhas, pelo que se caracteriza por um clima continental.

Região vitícola de Jablanica

Coeficiente térmico	1.0
Coeficiente helio-térmico	4.9
Coeficiente hidrotérmico	2.1
Índices bioclimáticos	3.8
Soma das temperaturas na vegetação3	,799°C
Temperatura média anual12	,4°C
Temperatura média na vegetação17	,7°C
Duração da insolação (horas)	n.a.
Duração do período sem geadas (dias)	162
Precipitação média anual (em mm)	1,898
Precipitação média na vegetação (mm)	797

Os tipos mais comuns de solos de vinha: solos loessivizados, solos castanhos sobre calcário, rendzinas sobre dolomite

Zona norte da Bósnia

A zona norte da Bósnia inclui áreas ao longo do rio Sava e está dividida em três regiões vitícolas: Kozara, Ukrina e Majevica. Estas três regiões vitivinícolas potenciais cobrem 486 000 ha de terra arável, dos quais pelo menos 50 000 ha são áreas onde se podem cultivar uvas. Isto significa que apenas 10% das áreas potenciais de vinha no norte da Bósnia seriam mais do que as vinhas de toda a Herzegovina, o que indica o elevado potencial da região.

Para verificar este facto, a Faculdade de Agricultura de Sarajevo, no período 1981-1986, através de dois projectos de investigação científica, realizou ensaios de campo em seis locais da Bósnia com castas de vinho e de mesa de diferentes épocas de maturação. Após a conclusão do projeto, os resultados mostraram que nesta vasta região as vinhas podem ser cultivadas com sucesso, excluindo as variedades de maturação tardia (Smederevka e alguns híbridos interespecíficos) e as que são sensíveis a baixas temperaturas, como a Cardinal e a Rainha das vinhas. Graças à investigação efectuada com variedades padrão e híbridos interespecíficos, a vinha é agora cultivada com sucesso nesta zona.

Região vitícola de Kozara

Coeficiente térmico	-2.2
Coeficiente helio-térmico	3.7
Coeficiente hidrotérmico	2.1
Índices bioclimáticos	3.1
Soma das temperaturas na vegetação	3.386,1°C
Temperatura média anual	10,4°C
Temperatura média na vegetação	15,7°C
Duração da luz solar (horas)	1,748
Duração média do período sem geadas (dias)	198
Precipitação média anual (em mm)	1,205
Precipitação média na vegetação (mm)	721

Os tipos mais comuns de solos de vinhas: depósitos aluviais, solos loessivizados, solos castanhos sobre calcário.

Região vitícola da Ukrina

Coeficiente térmico-4   ,9

Coeficiente helio-térmico4   .0

Coeficiente hidrotérmico1   ,6

Índice bioclimático3   .9

Soma das temperaturas na vegetação3   .490,1°C

Temperatura média anual10   ,6°C

Temperatura média na vegetação16   ,3°C

Duração da luz solar (horas)   1,700

Duração média do período sem   geadas206

Precipitação média anual (em mm)   939

Precipitação média na vegetação (mm)   570

Os tipos mais comuns de solos de vinhas: depósitos aluviais, solos loessivizados, solos castanhos sobre calcário.

Figura 26. Vinha no norte da Bósnia

Região vitícola de Majevica

Coeficiente térmico	-2.6
Coeficiente helio-térmico	3.9
Coeficiente hidrotérmico	1.5
Índice bioclimático	4.3
Soma das temperaturas na vegetação3	,456,6°C
Temperatura média anual10	,5°C
Temperatura média na vegetação16	,1°C
Duração da luz solar (horas)	1,764
Duração média do período sem geadas (dias)	182
Precipitação média anual (em mm)	841
Precipitação média na vegetação (mm)	516

Os tipos mais comuns de solos de vinhas: depósitos aluviais, solos loessivizados, solos castanhos sobre calcário.

Quadro 7. Os elementos mais importantes do clima das regiões vitícolas da B&H

Zone/wine-growing region	Climate elements										
	$t°$	$t°_v$	$°C(t_v)$	D	NF	H	H_v	K	HTK	HT K	B K
Herzegovina zone											
Mostarsko	14,3	19,4	4.152	2.290	283	1.434	630	8,8	5,9	1,5	5,2
Širokobriješko	12,9	18,0	3.837	1.717	205	1.691	685	5,1	5,0	1,8	4,5
Jablaničko	12,4	17,7	3.799	n.a.	162	1.898	797	1,0	4,9	2,1	3,8
Northern Bosnia zone											
Kozaračko	10,4	15,7	3.386	1.748	198	1.205	721	-2,2	3,7	2,1	3,1
Ukrinsko	10,6	16,3	3.490	1.700	206	939	570	-4,9	4,0	1,6	3,9
Majevičko	10,5	16,1	3.457	1.764	182	841	516	-2,6	3,9	1,5	4,3

Os elementos climáticos comparativos indicam que existe a possibilidade de cultivar vinhas em cada uma das regiões vitícolas, pelo que a viticultura pode ser desenvolvida nessas regiões mediante uma seleção adequada de cultivares e porta-enxertos e uma tecnologia de produção apropriada. Acrescente-se que os dados climáticos para a atual zonagem vitivinícola foram seguidos de 1961 a 1972, e os dados dos últimos dez anos mostram que as condições climáticas para a viticultura são melhores do que antes.

Por fim, importa referir que o zonamento existente foi feito em 1977, quando as circunstâncias económicas, sociais e políticas eram substancialmente diferentes das actuais, ultrapassadas e superadas. Para além disso, há indícios de que se verificaram também algumas alterações climáticas. Por todas estas razões, foi lançada a iniciativa para a sua revisão, de modo a conseguir um melhor ajustamento à situação atual.

Referências

Celebija, E. 1996. Putopisi, odlomci o jugoslovenskim zemljama, "Sarajevo -

Publicação[44] , preveo Hazim Sabanovic.

Kuri, F. 1955, Vinogradarstvo Hercegovine, Vinogradarstvo i vinarstvo Hercegovine, str. 10 - 19.

Mijatovic, D., Vuksanovic, P. 1987 Interspecies hibridi i njihova perspektiva za sirenje na podrucju sjeverne Bosne. Poljioprivredni pregled br. 1, 2 i 3. Sarajevo.

Vuksanovic, P. i suradnici. 1977. Rejonizacija vinogradarstva Socijalisticke Republike Bosne i Hercegovine. Poljoprivredni fakultet Sarajevo.

Vuksanovic, P., Mijatovic, D. 1982. Neka iskustva sa gajenjem vinove loze na podrucju sjeverne Bosne. Radovi Poljoprivrednog fakulteta br. 34. Sarajevo.

CAPÍTULO 4

A VINIFICAÇÃO AO LONGO DOS SÉCULOS ATÉ AOS NOSSOS DIAS

Tihomir Prusina

Vinho - a bebida divina das musas, pintores, escultores, músicos, escritores, artistas. Vinho - a bebida mais higiénica jamais produzida. Vinho - obra de arte criada pelo trabalho harmonioso da natureza, da vinha e do homem. Vinho - produto alimentar agrícola obtido por fermentação completa ou parcial de uvas frescas, sãs e maduras da videira europeia *Vitis vinifera L.* Mas também vinho - muitas vezes injustamente relacionado com o alcoolismo. Durante tantos anos, nenhuma outra bebida foi associada a esta doença como o vinho. Isso deve-se, presumivelmente, ao desconhecimento deste alimento agrícola natural.

Hipócrates, o pai da medicina, descreve o vinho como um meio útil, entre outras coisas, também para melhorar a função renal e o estado de espírito em geral. Platão afirma que o consumo moderado de vinho dá força, rejuvenesce o corpo e a mente. Cícero, por sua vez, afirma que o vinho estimula os processos de pensamento e cria inspiração. São Paulo, na sua Epístola a Timóteo, aconselhou a não beber água limpa, mas a juntar vinho a uma panela com água, pois tem um efeito benéfico para o estômago e é uma excelente proteção contra as bactérias. Louis Pasteur disse: "O vinho é a bebida mais saudável".

No entanto, a medicina não pode classificar o vinho no grupo das drogas, o que se justifica, mas numerosos estudos científicos provam claramente os efeitos benéficos de um consumo moderado de vinho. Os efeitos benéficos do vinho são particularmente expressos através das suas propriedades nutricionais, o que é reconhecido pela nova Lei do Vinho, em que o vinho é tratado como um género alimentício. Além disso, o vinho tem um significado gastronómico porque influencia o apetite, a digestão e dá uma sensação de conforto. Uma refeição completa e de alta qualidade na Herzegovina é inimaginável sem um copo de bom vinho, o que indica o papel definitivo do vinho como género alimentício. O vinho tem todas as características da alimentação humana - vitaminas, minerais, proteínas, ácidos, açúcares, compostos azotados - substâncias que contêm energia quimicamente ligada. A classificação do vinho como género alimentício deu um grande passo na promoção do bom vinho, mas também na promoção da cultura de beber vinho como uma bebida com efeitos benéficos para a saúde (Maric et al., 2002).

Figura 27. Numa cave antiga

Panorama histórico

O início e a ascensão

O desenvolvimento da viticultura e da enologia na nossa região começa no tempo do Império Romano, como testemunham as lápides e outros fragmentos dessa época, cujos relevos representam cenas de vindimas, motivos de vinhas e cachos, bem como recipientes para guardar e servir o vinho.

Vestígios de um portal à entrada do campo fortificado romano de Mogorjelo, perto de Capljina (do tempo do imperador Octávio Augusto), com gravuras

uvas e outros ornamentos vitícolas, como documento simbólico da tradição milenar da cultura da vinha. No seu livro "Tourist motifs and objects in Herzegovina", Mihic (1968), ao falar de Mogorjelo, diz, entre outras coisas: "Na parte noroeste do pátio, vemos os restos de um edifício para a produção agrícola, a chamada Villa rustica fructicaria... "No interior do edifício havia armazém de géneros alimentícios, adega, lagares, moinho e padaria. Aqui estão alguns interessantes vasos grandes de barro (dolia), para armazenamento de vinho   "

A agricultura intensiva, especialmente a viticultura, e talvez também a olivicultura, é anunciada pela base de uma prensa romana (*torculum*), encontrada nos restos de uma estrutura antiga em Crkvina (Bojanovski, 1969). A prensa era provavelmente utilizada tanto para a prensagem do bagaço como para a prensagem da azeitona, e encontra-se atualmente junto à igreja paroquial de Cerin.

Figura 28. Pedestal de lagar de vinho, Cerin, século III

Em Krstina, em Hamzici, estão registados vestígios de um antigo povoado com fragmentos de ânforas, o que indica o desenvolvimento da viticultura e da vinificação nesta zona (AL BiH, 1988).

Na Europa medieval, após a queda de Roma, a Igreja cristã tornou-se um fator importante na viticultura e na produção de vinho. O vinho tornou-se uma parte indispensável da celebração das missas. Ao mesmo tempo, o vinho tornou-se proibido na cultura islâmica. O cultivo de uvas e a produção de vinho aumentaram gradualmente, assim como o consumo a partir do século XV.

No período que se seguiu à queda do Império Romano do Ocidente até à ocupação otomana, deu-se a grande migração de povos e os eslavos vieram para a nossa região. Os escravos eram bons agricultores que encontraram a videira como cultura na nossa região, e podemos concluir que aprenderam muito rapidamente a cultivá-la, a produzir vinho e a apreciá-lo. Não existem sítios arqueológicos significativos desse período, exceto lápides de pé, datadas entre os séculos XIII e XV, que muitas vezes têm como motivos rebentos e cachos de videira e outros motivos da vida dos defuntos.

Deste período, os vinhos finos da nossa região são também mencionados na Carta de Ban Tvrtko, que veio para Brotnjo em 1353/1354, logo no início do seu banship, com os seus familiares, o seu irmão Vuk e acompanhantes. Este facto é comprovado por uma carta conservada em Dubrovnik, redigida por Drazeslav, escritor da corte e aluno de Ban Tvrtko, e que termina com as seguintes palavras "E enquanto eu escrevia isto, Sir Ban Tvrtko deu-me um grande copo de vinho para beber de boa vontade". Também está escrito na carta que ela foi escrita "em Suha em Prozracac". Arqueólogos e historiadores presumem que Prozracac, que se situa em Brotnjo, era, na Idade Média, propriedade dos príncipes Komlinovices. Este facto é confirmado por uma inscrição do século XV na lápide do príncipe Pavle Komlinovic no sítio de Visocica (Bakri) em Donja Blatnica (Vego, 1981).

Estagnação no tempo do domínio otomano

No tempo da ocupação turca da nossa região, não se pode dizer que a cultura da vinha tenha sido limitada, exceto que foi introduzido um imposto especial de consumo bastante elevado sobre o vinho por razões religiosas. No entanto, a estrutura de consumo mudou nessa altura e as uvas eram produzidas mais como uvas de mesa para consumo em estado fresco. Com a estagnação da produção de castas de uvas para vinho, estagnou também a produção de vinho. Os mosteiros medievais da Bósnia e Herzegovina também tinham vinhas e adegas. Uma canção popular sérvia fala de um ataque dos turcos ao mosteiro de Tvrdos, perto de Trebinje, e um verso diz o seguinte sobre o mosteiro: "as suas salas estão cheias de vinho". Esta é provavelmente a primeira referência a uma adega de vinho na Bósnia e Herzegovina.

No tempo do domínio otomano, o vinho de Brotnjo foi mencionado pelo bispo Marijan Lisnjic no relatório da sua viagem a Brotnjo em 1668. O vinho de Brotnjo era vendido na Bósnia, e os consumidores eram principalmente os mosteiros franciscanos. Assim, o vinho de Brotnjo é mencionado várias vezes na crónica do mosteiro franciscano de Kresevo, de 1765 a 1771 (Jelenic, 1917).

Ivan Frano Jukic (1818 - 1857), o conhecido franciscano, dá especial ênfase aos vinhos Mostarac e Brocanac. Todos eles escrevem sobre o vinho da Herzegovina a partir da sua própria experiência ou transmitem histórias indiretamente.

De acordo com os dados disponíveis, as primeiras adegas maiores, um pouco mais equipadas e de melhor qualidade, na época do domínio otomano, foram novamente criadas por padres. Um deles é o padre Glagolitic, Padre Jure Stojic (1743 - 1802), que tinha uma adega relativamente boa na segunda metade do século XVIII na sua casa na aldeia de Dragicina no município de Citluk. Durante todo o período do domínio otomano, Dragicina teve uma viticultura desenvolvida, o que é evidente pelas frequentes referências a vinhas nos registos judiciais do qadi de Mostar. A segunda adega, um pouco maior e melhor, foi construída em 1861 pelo conhecido franciscano Padre Petar Bakula, na casa paroquial da aldeia de Gradnici, no município de Citluk, e atualmente essa adega está reconstruída.

Figura 29. Buklija, a antiga garrafa de madeira para vinho

Durante o domínio otomano, existiam os chamados hans (karavanserais) ou albergues para passageiros nas cidades e nas estradas importantes. Mas, como os proprietários das hans eram maioritariamente muçulmanos, não se vendia álcool nelas. Só quando as estalagens começaram a abrir nas cidades é que se começou a servir álcool nelas. Os proprietários das estalagens eram maioritariamente ortodoxos (Kresevljakovic, 1949).

Início da vinificação moderna

Durante o Império Austro-Húngaro, a produção de vinho na Europa entrou numa grave crise devido à ocorrência da filoxera. As novas autoridades mostraram-se então muito interessadas na plantação de vinhas e na produção de vinho na Herzegovina e deram início a um rápido desenvolvimento da viticultura e da vinificação. Os herzegovinos sempre foram bons viticultores e, até à chegada da Áustria-Hungria, não havia bons produtores de vinho, ou seja, a qualidade dos vinhos não era satisfatória. O vinho era maioritariamente envelhecido em barris de carvalho, não era protegido (sulfitado), nem enchido após a conclusão da fermentação. Os barris ficavam abertos até ao dia de Todas as Almas, altura em que os novos vinhos eram provados e, em seguida, os barris eram fechados. Para muitos vinhos, isso era demasiado tarde porque já havia defeitos, como o cheiro a ovos podres, a oxidação e as doenças do vinho: acetificação, flores do vinho... É por isso que o controlo das propriedades e da qualidade dos vinhos da Herzegovina foi prontamente realizado.

Para promover a viticultura e a vinificação na Bósnia-Herzegovina, a Áustria-Hungria estabeleceu três estações de fruticultura e viticultura na Herzegovina, em Gnojnice, perto de Mostar (1888) e Lastva, perto de Trebinje (1894), bem como uma em Derventa (1888) para a área do norte da Bósnia. Estas estações testaram as cultivares locais mais importantes, mas também algumas cultivares estrangeiras que podiam ser domesticadas no nosso terroir. Foi aí que começaram os primeiros ensaios da variedade francesa Alicante bouschet (Kambusa), como variedade de apoio à Blatina. Esta variedade adaptou-se tão bem à nossa região que, após 120 anos de cultivo, se tornou quase uma variedade local na Herzegovina.

Paralelamente à melhoria da viticultura, a Áustria-Hungria começou também a efetuar análises dos vinhos locais. As primeiras análises de vinhos da Herzegovina e da Bósnia começaram apenas alguns anos após a ocupação. As análises foram efectuadas pelo Dr. Leonard Roesler, da famosa escola de viticultura de Klosterneuburg (Roesler, 1888).

Roesler analisou os vinhos da Bósnia (Prozor) e da Herzegovina (Mostar, Stolac, Konjic e Popovo polje) produzidos em 1883. Sobre os vinhos da Bósnia, Roesler escreve que as uvas não são prensadas, mas deixadas durante 8 a 10 dias até o sumo escorrer. Depois disso, o vinho chegava aos barris que, por vezes, não estavam tapados, após o que era vertido logo que pudesse ser bebido. O vinho devia ser consumido até à vindima seguinte. Não havia praticamente vinhos velhos. As caves e as explorações vitícolas não existiam. não existiam. Nesta zona, Roesler menciona as castas Skadarka, Slatina, Zelenka, Podbjel e Krkosija, que é muito predominante.

Figura 30. Escola de viticultura e vinho em KLlosterneuburg

Roesler tem uma avaliação completamente diferente para os vinhos da Herzegovina. Os vinhos brancos eram, na sua maioria, vinhos secos e fortes, de sabor pleno, com uma cor habitual de amarelo acastanhado. Eram ligeiramente picantes, muitos tinham um aroma floral e, em todos estes elementos, faziam lembrar os melhores vinhos brancos da Dalmácia. Os ácidos não apareciam em lado nenhum. Roesler escreve que os distritos de Mostar e Stolac pertenciam a zonas onde os vinhos brancos podem estar sob membrana, se não se tornarem secos e demasiado escuros. No que respeita aos vinhos tintos, não eram tão semelhantes entre si como os brancos. As amostras de vinho da zona de Cim eram vinhos tintos escuros com uma secura adequada, sabor completo e, em suma, bons vinhos tintos, bastante semelhantes aos vinhos tintos dálmatas. Do mesmo modo, pode sublinhar-se que estes vinhos atingem uma intensidade de cor, mas não têm secura. Também foram registados vinhos semelhantes em todo o distrito de Mostar. Alguns vinhos tintos tinham o seu próprio sabor, que poderia ter origem na casta e que, em parte, lembrava o sabor fino dos frutos de certas castas jovens e finas de Bordéus. Por outro lado, também parecia haver uma semelhança com as groselhas negras, o que elevava crucialmente a qualidade do vinho.

Os vinhos de Trebinje e Konjic podiam ser contados entre os vinhos tintos leves e brilhantes, que se aproximavam dos vinhos Schiller (nome do vinho avermelhado produzido pela mistura de uvas tintas e brancas). Estes vinhos não eram demasiado fortes, tinham pouca secura e o seu sabor era ligeiramente ácido. Não tinham qualquer qualidade especial, mas se fossem bem conservados podiam ser utilizados como vinhos de mesa para consumo local (Roesler, 1888). As análises efectuadas em 1888 revelaram que os vinhos eram turvos e de qualidade desigual devido a uma má conservação.

A outra avaliação, muito extensa, da qualidade dos vinhos da Herzegovina foi efectuada por Carl Neufeld em 1901, com base em amostras de vinho de 1898 e 1899. No total, foram colhidas 43 amostras de vinho tinto e 35 amostras de vinho branco, maioritariamente de Mostar e Lastva, 15 amostras de vinho tinto e 14 amostras de vinho branco. Logo no início do seu relatório, Neufeld comparou a situação da viticultura e da vinificação com a que Roesler tinha encontrado após a ocupação. Neufeld sublinhou que a viticultura e a produção de vinho registaram grandes progressos na Herzegovina nos últimos 15 a 20 anos. Roesler descreveu então os principais inconvenientes das explorações vitícolas das regiões locais, enquanto que, nas análises de Neufeld, "um número significativo de amostras testadas revelou uma qualidade excecional que dá esperança de que a vinificação, mas muito mais do que a exploração vitícola dos países locais, possa em breve atingir um nível que permita transformar o produto natural assim obtido num artigo comercial duradouro e valioso". Neufeld atribuiu esta situação e o nível alcançado às medidas do governo nacional da Bósnia-Herzegovina, que conseguiu educar um número considerável da população vitivinícola sobre a produção moderna de vinho, "cujos produtos podem atualmente competir com os melhores do mercado". As melhores variedades de vinho da Herzegovina tornaram-se um produto comercial bastante importante assim que se tornaram conhecidas em círculos mais alargados, escreve Neufeld. Neufeld sublinha também que a produção de vinho na Herzegovina estava quase exclusivamente nas mãos de grandes produtores que compravam para a sua própria produção de vinho uvas adicionais colhidas por outros produtores.

Figura 31. Adega antiga

O Zilavka destaca-se especialmente entre os vinhos brancos autóctones. Distingue-se por duas variantes, uma das quais é mais ou menos de cor amarela dourada forte, e a outra de cor amarela brilhante com uma ligeira nuance esverdeada, mas que iridesce. Ambas as variantes são vinhos fortes, maduros, com fragrância pronunciada e, no seu carácter, fazem lembrar os vinhos brancos da Borgonha. Para além disso, o Zilavka tem também um sabor de Muskateller que se destaca especialmente na variedade amarelo-dourado, enquanto a variedade esverdeada brilhante, com o seu sabor agradável e ligeiramente ácido e com as suas fragrâncias, faz lembrar um pouco o vinho do Mosela. Em geral, os vinhos tintos apresentam uma elevada proporção de álcool, nomeadamente de 9,32% vol. a 13,06% vol. ou 11,23% vol. em média. Uma caraterística importante é a sua elevada proporção de extractos e substâncias minerais. Mas, em termos gerais, as características dos vinhos da região de Mostar, tanto tintos como brancos, são um elevado teor de álcool, extractos, substâncias minerais e ácido fosfórico. Por conseguinte, com algumas excepções, são vinhos ardentes (feuerig), fortes, de boa qualidade, muitos excelentes e soberbos.

As castas enumeradas por Neufeld no documento, Zilavka, Blatina, Krkosija, Dobrogostina, Alicante bouschet, são ainda hoje a base da produção vinícola na Herzegovina. Algumas das castas mencionadas desapareceram (Osina, Skadarka) e outras ainda são cultivadas, mas em menor escala, como Zestac, Podbjel, Crni posip, Rezakija. As análises que efectuou na altura no Instituto de Nutrição de Munique quase não têm qualquer diferença em relação às análises modernas do vinho, apesar de o equipamento atual ser mais preciso e os resultados serem obtidos mais rapidamente. As diferenças residem apenas na análise dos ácidos. As análises dos ácidos livres, voláteis e totais também eram efectuadas nessa altura, mas os resultados são de tal ordem que não podem ser comparados com as análises actuais. É interessante o facto de Neufeld considerar que os vinhos da zona do distrito de Mostar são medicinais devido ao elevado teor de ácido fosfórico e, por conseguinte, muito interessantes para a medicina (Neufeld 1901).

Melhoria da vinificação e da qualidade dos vinhos

As primeiras caves de vinificação foram construídas em Mostar, que dependia não só da viticultura já desenvolvida, mas também das comunicações. O caminho de ferro de Mostar para Metkovic foi construído em 1885 e para Sarajevo em 1891. Como Metkovic era uma cidade portuária e Sarajevo estava ligada por caminho de ferro, via Brod, a outras partes do então Império Austro-Húngaro, a Herzegovina também ganhou acesso ao mundo e a novas vias comerciais.

Figura 32. Adega Jelacic

A primeira adega em Mostar foi fundada pelos irmãos Jelacic em 1882, e depois pelas famílias Kovacina, Krulj, Oborina, Pesko, Radulovic, Golubovic, Santic e outras. Foi apenas no século XX, após a construção das estradas para algumas cidades da Herzegovina, que se iniciou a abertura de adegas em Trebinje, Stolac, Konjic, Ljubuski e Citluk. As famílias Ruzic, Kurilic, Popara, Hamovic, Vukasovic e Perisic tinham as suas adegas em Stolac. Em Trebinje existiam três adegas importantes das famílias Jovicic, Andric e Vujicic. As adegas eram modernas para a época e produziam principalmente os vinhos Zilavka, Blatina, Malaga, Muskat, Ruzica e Samotok. Os vinhos destas adegas, graças à sua qualidade, encontraram rapidamente os amantes do vinho, tanto no mercado local como no estrangeiro. Nas avaliações internacionais em Paris, Londres, Budapeste, Amesterdão, Bruxelas, Trieste, Barcelona e Lausana, receberam os prémios e medalhas mais elevados e, assim, os vinhos da Hezegóvina foram classificados entre os melhores vinhos do mundo (Hepok, 1986).

No tempo do Império Austro-Húngaro, a produção aumentou, mas também a qualidade do vinho foi melhorada. Foram organizados vários cursos no domínio da viticultura e da vinificação. Os comerciantes de vinho da Herzegovina enviaram os seus filhos para serem educados na escola de viticultura e vinificação de Klosterneuburg. Assim surgiram os primeiros profissionais herzegovinos com formação no domínio da viticultura e da vinificação. Como resultado, a qualidade do vinho atingiu um nível invejável e a reputação dos vinhos Zilavka, Blatina, Samotok e Ruzica tornou-se conhecida em todo o mundo. Estes vinhos eram conhecidos não só na Áustria-Hungria, mas também eram exportados para a Alemanha, Suíça, Espanha, Japão e América. As vinhas e adegas das estações frutícolas e vitivinícolas de Gnojnice e Lastva eram chamadas "imperiais", porque forneciam vinhos à corte imperial de Viena.

Declínio e renovação da viticultura e da vinificação

Durante a Primeira Guerra Mundial, a viticultura e a produção de vinho estagnaram. Após a guerra, existiam cerca de 3 020 hectares de vinhas na Herzegovina, plantadas principalmente com vinhas locais. A primeira renovação das vinhas na nossa região começou em 1920, com a enxertia de vinhas cultivadas em porta-enxertos americanos, e durou até 1928, tendo melhorado a situação apenas parcialmente, pelo que em 1922 havia 3 707 hectares plantados com vinhas. Seguiu-se a Grande Depressão, quando os camponeses da Herzegovina foram pressionados por numerosas dificuldades, desde o baixo preço de compra até ao elevado endividamento, o que teve um efeito negativo no desenvolvimento da viticultura. Nas vésperas da Segunda Guerra Mundial, a Herzegovina tinha 3.500 hectares plantados com vinha. É de salientar que os nossos vinhos continuaram a estar presentes nas avaliações internacionais de qualidade e mantiveram a continuidade de ganhar as medalhas mais altas.

Em 1921, Ljubomir Stjepanovic escreve: "Dos vinhos tintos excepcionais, o mais importante é o Blatina; durante a invasão da filoxera em França, foi exportado para a América do Sul, especialmente como vinho medicinal para as farmácias do Brasil. Além disso, descreve também a produção de vinho doce (diz-se que é produzido de forma semelhante ao famoso tokajac) e o vinho de Málaga foram testados em Viena e que ambos podem ser utilizados como vinhos medicinais. Além disso, mencionou também o vinho da casta Rezakija com 11,95% vol. de álcool, 2,59 g de extrato e 0,86 g de ácido tartárico em 100 cm^3 (Stjepanovic, 1921).

A Segunda Guerra Mundial deixou uma marca profunda na agricultura, especialmente na viticultura e na vinificação, e fez recuar o relógio muitos anos. As razões para as dificuldades das vinhas durante a Segunda Guerra Mundial devem ser procuradas principalmente na incapacidade de cultivar vinhas continuamente, devido à falta de mão de obra devido às actividades de guerra, de modo que a Herzegovina, no final da Segunda Guerra Mundial, tinha apenas 3 021 hectares de vinhas muito negligenciadas. É significativo que a concentração de pequenas áreas e de capacidades de transformação tenha ocorrido neste período. O processo de consolidação estava a desenvolver-se através da formação de cooperativas agrícolas e de explorações agrícolas estatais. Uma parte das adegas privadas foi reunida em torno da organização social "Bosnaplod", e outras noutras organizações cooperativas e agrícolas. Assim, foram concentradas 55 adegas privadas com uma capacidade total de 45.000 hl.

Em Mostar, em 1948, foi criado o Instituto Agrícola com o objetivo de revitalizar a viticultura e a produção de vinho. Tinha as suas instalações experimentais em Gnojnice, Ilici e Vrapcici. O departamento de viticultura e enologia do instituto dispunha de um laboratório enológico bem equipado.

A continuidade do projeto

O Instituto Agrícola foi retomado pela estação agrícola distrital de Mostar,
fundada em 1956 (HEPOK, 1986).

Figura 33. Prémio para vinho da Herzegovina de 1898

Vinificação moderna

O estabelecimento de vinhas de plantação modernas no sector social
começou no início da década de 1950, tendo sido estabelecidas por
cooperativas agrícolas. Nessa altura, foi iniciada a construção de adegas
cooperativas modernas em Stolac, Domanovici, Ljubuski e Brotnjo. A
primeira adega moderna foi aberta em Medjugorje em 1954, com uma
capacidade de 4 000 hl. As cooperativas agrícolas compravam os excedentes
de uvas do mercado a proprietários privados que, na altura, não dispunham
de capacidade suficiente nas suas próprias adegas. Na maioria das pequenas
adegas individuais e tabernas, as uvas eram transformadas de forma
primitiva e obsoleta. Só alguns viticultores avançados e financeiramente

mais fortes do vale de Mostar, Brotnjo e Ljubuski tinham vinhos muito bons, especialmente Zilavka e Blatina. Até 1954, as adegas estavam equipadas apenas com barris de carvalho, com pessoal profissional insuficiente e com escassos equipamentos de processamento de uvas. Tratava-se sobretudo de adegas nacionalizadas de antigos comerciantes de vinho.

Figura 34. Adega de Cooperaive em Medjugorje em 1954

A primeira adega moderna de maior dimensão foi construída em 1954 em Ljubuski, com uma capacidade de 12 000 hl. Estava equipada com tanques de betão e equipamento para a transformação da uva e a transformação final do vinho. De 1957 a 1961, foram construídas adegas modernas em Citluk (19 000 hl), Mostar (45 000 hl), Stolac (16 000 hl) e Domanovici (6 000 hl), pelo que a capacidade total era de 98 000 hl. Paralelamente à construção de adegas, foram criadas modernas plantações de vinhas de propriedade social nas zonas dos municípios de Citluk, Mostar, Ljubuski, Capljina, Stolac e Trebinje.

A integração no sector social começou no início dos anos 60, o que resultou, em 1966, na formação da HEPOK, a principal organização agrícola que combinava a produção, a transformação e o comércio de uvas, frutas, vinho, bebidas alcoólicas e refrigerantes. Em 1981, a integração de toda a produção agrícola, transformação, comércio e restauração deu origem à SOUR "Hercegovina" - Agroindustrial, Comércio e Serviços.

Conglomerado de restauração APRO. A HEPOK Capljina e as empresas "Popovo polje" e "Agrokop" Trebinje eram as organizações empresariais mais fortes dentro da organização APRO. Em 1985, a área total de vinhas era de cerca de 6.000 ha, dos quais 2.000 ha no sector social, e a capacidade das adegas era de 375.000 hl.

Quadro 8. Capacidades das adegas na Herzegovina em hl

Winery	1961	1972	1985
Mostar	45,000	45,000	96,000
Citluk	19,000	27,000	100,000
Ljubuski	12,000	31,000	85,000
Stolac	16,000	38,000	81,000
Domanovici	6,000	6,000	13,000
Total	98,000	147,000	375,000

A organização Instituto de Investigação e Desenvolvimento de Mostar foi fundada no âmbito da APRO Herzegovina. Para além dos peritos empregados no domínio da viticultura e da vinificação, todos os agrónomos e enólogos das adegas estavam envolvidos no Instituto de Investigação e Desenvolvimento, a fim de melhorar as técnicas e tecnologias de processamento da uva, e depois os investigadores dos laboratórios de enologia para tratar dos problemas da introdução de novas máquinas de processamento da uva, da aplicação de novas tecnologias na produção de vinho, da criação de novos tipos de vinho e da modernização das análises do vinho através da aplicação de novas metodologias.

Na década de 1980, a Lei do Vinho permitiu que os produtores individuais produzissem vinhos, enchessem garrafas com rótulos, comercializassem e participassem em pé de igualdade no concurso de vinhos, juntamente com os vinhos das grandes adegas de propriedade social. Foi um passo positivo para a caraterização da Herzegovina como uma região de viticultura e vinificação e para a intensificação deste sector agrícola (HEPOK, 1986).

As actividades bélicas dos anos 90 tiveram consequências incomensuráveis para a viticultura e a enologia. As superfícies plantadas com vinha diminuíram quase para metade. O fim da guerra foi prontamente seguido pelo início da renovação das vinhas, nomeadamente no sector privado. Juntamente com as grandes adegas existentes, havia um número crescente de pequenos viticultores e vitivinicultores privados ambiciosos que procuravam a excelência na produção de vinho. A maior parte deles encontrava-se em Brotnjo, depois nos municípios de Trebinje, Mostar, Ljubuski, Capljina, Siroki Brijeg, que têm proteção da origem geográfica dos seus vinhos, principalmente as variedades autóctones de Zilavka e Blatina, e também foram abertas as primeiras três adegas na região do norte da Bósnia. Nos últimos vinte anos, havia um total de 60 produtores de vinho e aguardente registados na Bósnia e Herzegovina. Devido à não adoção de estatutos (regulamentos) baseados na Lei do Vinho, muitos produtores menores abandonaram o engarrafamento dos seus vinhos, vendendo-os a granel. Atualmente, estão registadas 46 adegas em todo o país. A situação atual no país é tal que os vinhos engarrafados são cada vez menos consumidos e têm quantidades demasiado pequenas para se tornarem orientados para a exportação.

Comércio de vinhos

Já no tempo do Império Austro-Húngaro, os vinhos da Herzegovina, principalmente o Zilavka e o Blatina, ganharam, através de mostras e feiras internacionais, grandes prémios internacionais e eram muito procurados nessa altura, especialmente na Europa Ocidental. No período entre as duas guerras mundiais, estes vinhos foram vendidos principalmente no mercado interno, devido à crise económica mundial, e apenas uma pequena parte foi exportada para a Alemanha, Checoslováquia e Áustria. Após a Segunda Guerra Mundial, o comércio do vinho estagnou, mas a partir de 1948 recuperou e ganhou força graças ao serviço enológico do Instituto Agrícola de Mostar. Com a construção de adegas modernas em Ljubuski, Citluk, Mostar e Stolac, a qualidade dos vinhos da Herzegovina aumentou, e a razão para tal foi a tecnologia moderna utilizada na transformação da uva e no tratamento do vinho.

As quantidades de vinhos exportados não eram particularmente elevadas e tinham um carácter bastante promocional. A exportação de vinhos da Herzegovina aumentou com a criação da agência de exportação "Mediteran" em Mostar. Através da agência de exportação, foram exportados 4.700 hl de vinho em 1968, dos quais 2.500 hl de Zilavka, e em 1966 foram 3.200 hl. Nos dois anos seguintes, a exportação diminuiu devido à crise do mercado internacional, pelo que o comércio de vinho se reduziu também ao mercado interno. Na década de 1960, os vinhos da Herzegovina, especialmente o Zilavka e o Blatina, eram exportados para: Alemanha, Polónia, Checoslováquia, Áustria, Suíça e URSS.

Pode concluir-se que os vinhos da Herzegovina, em primeiro lugar o Zilavka e o Blatina, satisfizeram os consumidores locais e estrangeiros pela sua qualidade, o que é corroborado pelos numerosos prémios e medalhas que os nossos vinhos receberam em eventos vinícolas, tanto na região como no mundo (HEPOK Mostar, 1969).

No início dos anos 80, a APRO Herzegovina era o principal exportador de vinhos engarrafados da região do antigo Estado. O comércio era efectuado com 37 empresas estrangeiras de 28 países. Zilavka e Blatina eram os vinhos mais exportados (Hepok, 1986). Assim, em 1989, cerca de 1.000.000 de garrafas de Zilavka Mostar, produzidas na Adega Citluk, foram exportadas apenas para o mercado alemão, bem como quantidades consideráveis de Blatina Mostar produzidas na Adega Ljubuski e Extra Grape Brandy da Destilaria Mostar.

Com as grandes adegas que exportam os seus vinhos há cerca de 50 anos para a Europa, América e Ásia, os viticultores mais jovens, que registaram a produção de vinho com origem controlada, estão também a orientar-se para a exportação, embora vendam a maior parte da sua produção no mercado interno.

Características dos vinhos da Herzegovina

Características de qualidade da cultivar Zilavka e das cultivares acompanhantes

Os estudos científicos exaustivos das variedades mais importantes da Herzegovina, Zilavka e Blatina, tiveram início na década de 1950. Foram iniciados por Milan Supica, professor da Faculdade de Agricultura de Sarajevo, e Zlata Anicic, da Estação Agrícola de Mostar.

Com base na investigação realizada, Zlata Anicic afirma que a casta Zilavka ocupa o primeiro lugar em termos de valor económico. Tem os rendimentos mais elevados, os volumes mais elevados de vinhos escorridos e também o teor mais elevado de açúcares totais. No seu valor económico, a Krkosija não é inferior à Zilavka. Todos os dados relativos a Zilavka e Krkosija são praticamente iguais. O valor económico de Dobrogostina é médio. Bena é a última. Apresenta rendimentos mais baixos, vinho menos escorrido, bem como açúcares totais. Por conseguinte, a autora considera que o vinho de Zilavka não tem de ser feito com 70% da casta Zilavka, 20% de Krkosija e 10% de Bena, como era prática na altura, mas que a proporção de Krkosija deve ser consideravelmente mais elevada, e que Bena e Dobrogostina são mais adequadas como castas de mesa. A autora classifica a Blatina atrás da Zilavka e da Krkosija em termos de valor económico (Anicic, 1952).

Mas Supica argumenta que o valor económico de uma casta não pode ser avaliado apenas pelo seu teor de açúcares, mas é necessário ter em consideração a acidez total e o valor aromático, que são factores importantes da qualidade do vinho. De entre as cultivares brancas da Herzegovina, afirma que a Zilavka é de longe superior pelo seu bouquet, pelo que nenhuma outra cultivar pode ser colocada à sua frente. Com base em experiências práticas, afirma que a Krkosija, quando consumida, não é tão agradável como a Zilavka, porque tem em si uma certa força, ou uma nitidez desagradável. O vinho feito de Krkosija é rico em álcool e, sobretudo, em ácidos totais, com uma acidez ativa bastante elevada, enquanto o Zilavka é igual em álcool, mas contém menos ácido e tem uma acidez ativa ligeiramente inferior. A Krkosija não tem aroma varietal e sacia-se rapidamente quando consumida, ao passo que a Zilavka tem um aroma caraterístico e muito agradável, o seu sabor é suave e agradável e provoca o desejo de beber. O Krkosija clarifica rapidamente, nomeadamente antes da primeira trasfega, enquanto o Zilavka demora mais tempo a clarificar completamente.

Figura 35. Maturação do vinho em barris de madeira

A mistura da Zilavka com a Krkosija e a Bena (e, em menor quantidade, possivelmente também com outras variedades brancas) dilui a sua fragrância intensa e aproxima-a da medida correcta. No entanto, deve ter-se em conta que, numa mistura com outras variedades brancas, a Zilavka só pode conservar o seu aroma caraterístico se estiver presente numa quantidade superior a metade. Em anos adversos, quando a Zilavka não consegue amadurecer, a sua fragrância é fraca, pelo que a sua proporção na mistura deve ser mais elevada. Supica considera igualmente que o vinho da casta Bena representa um tipo de vinho de qualidade média e que deve ser utilizado para misturar com o Zilavka. O vinho de qualidade Zilavka deve ser constituído apenas por uma mistura de Zilavka e Krkosija na proporção correcta adequada, pelo que nas castas brancas seria necessário manter apenas Zilavka com 65-70% e Krkosija com 30-35% (Supica, 1952).

Em dezembro de 1952, a Conferência de Peritos em Viticultura, realizada em Sarajevo, adoptou o programa de variedades em viticultura no território da B&H, segundo o qual a proporção entre as variedades de vinho e as variedades de mesa deveria ser de 90% : 10%. A relação entre as castas brancas e tintas deve ser de 75% : 25%. Este programa especifica que, entre as variedades de vinho branco, a Zilavka deve ser a mais comum, com 70%, a Krkosija 20% e as outras variedades 10%. Quanto às variedades tintas, a Blatina deve estar presente com 60%, a Skadarka, a Plavka e a Alicante bouchet com 10% cada, e as outras variedades tintas com 10%.

A análise dos vinhos das colheitas de 1950 e 1952 revelou que o Krkosija supljica tinha uma acidez considerável e um pH baixo, o que se manifestou em ambos os anos de estudo. O Zilavka da zona da região vitícola de Mostar apresentava uma acidez total baixa nos dois anos de estudo, com valores de pH baixos. O Zilavka da região vitícola de Ljubuski apresentava uma acidez total considerável, mas um pH elevado, o que indica uma acidez totalmente insatisfatória do vinho. Os vinhos da casta Bena, em ambos os anos do estudo, apresentavam quantidades moderadas de ácidos totais, mas tinham um pH elevado, o que significa uma acidez inferior à do Zilavka. Até então, acreditava-se que a Bena tinha um teor mais elevado de ácidos totais do que a Zilavka e que a mistura destas duas castas pode produzir vinho com maior acidez (Supica, 1953). Este facto confirma que a acidez do vinho Zilavka não pode ser melhorada dessa forma.

Todos os estudos mencionados e muitos outros levaram à conclusão de que a Zilavka Mostar tem as seguintes características organolépticas:

- Cor: amarelo-esverdeado pálido nos jovens e amarelo-palha com uma nuance de verde nos vinhos velhos

- Clareza: cristalina

- Fragrância: fina, desenvolvida, típica da Zilavka da região da Herzegovina

- Sabor: seco, cheio, equilibrado e harmonioso

As quantidades de elementos de base do vinho Zilavka Mostar, com base nas análises efectuadas pelo serviço de enologia do Conglomerado Alimentar "Hercegovina" - Mostar, situam-se dentro dos limites indicados no quadro 9.

Quadro 9. Composição de base do vinho Zilavka

	Contents in wine	
Analysis elements	minimum	maximum
Specific gravity	0.9890	0.9921
Alcohol vol. %	12.00	13.77
Total extract g/L	20.00	25.30
Total sugar as invert sugar g/L	1.00	1.40
Extract without sugar g/L	20.00	25.30
Total acids (as tartaric acid) g/L	4.57	6.20
g/L	0.35	0.75
Volatile acid (as acetic acid) g/L	1.02	2.48
g/L	1.55	2.38
Free tartaric acid g/L	7.40	10.5
Ash g/L	0.23	0.56
Glycerol g/L		
Phosphoric acid g/L		

Fonte: HEPOK, Mostar, 1969.

Proteção da origem geográfica do vinho Zilavka

A numerosos estudos realizados nos anos cinquenta e sessenta seguiu-se o início do processo de proteção da origem geográfica do vinho Zilavka. No período de 1961 a 1970, três vinhos tintos (Dingac, Postup-Potomje, Postup-Donja Banda) e três vinhos brancos (Marastina-Cara Smokvica, Posip-Cara Smokvica e Zilavka Mostar) foram legalmente protegidos e declarados vinhos de qualidade superior na região do antigo Estado da Jugoslávia.

Consequentemente, o Zilavka é um dos primeiros vinhos da região do antigo Estado a ser protegido como vinho de qualidade superior (em 1970). No estudo de 1969 sobre Zilavka Mostar como vinho famoso, está escrito que o famoso vinho Zilavka Mostar é uma mistura de três variedades de uvas: Zilavka 70%, Krkosija 20% e Bena 10%. Nessa altura, era permitido que um vinho tivesse o nome da casta se a sua proporção fosse superior a 50%. No entanto, os regulamentos europeus, bem como a nossa Lei do Vinho aplicável, estabelecem que, se um vinho tiver o nome de uma casta, deve conter pelo menos 85% da casta que lhe dá o nome, pelo que o Estudo de Zilavka Mostar teve de ser adaptado à Lei do Vinho.

Na Herzegovina, o vinho de qualidade superior Zilavka Mostar é um símbolo do vinho branco, com uma qualidade altamente valorizada, produzido a partir da casta homónima e dos seus apoiantes Krkosija e Bena. A composição deste vinho é 85% Zilavka e 15% Krkosija e Bena. A alta qualidade tradicional do vinho Zilavka no país e no estrangeiro é identificada com o clima soalheiro do sul da Herzegovina. Tem um aroma nobre e delicado e um sabor harmonioso. Este vinho de qualidade superior contém 12 a 13,77% vol. de álcool, 20 a 27 g/L de extrato total e 5 a 6,2 g/L de ácidos totais. Apresenta uma cor amarelo-esverdeada brilhante, um aroma varietal específico e um sabor harmonioso (Kovacina, Pedisa, 1987).

Do que precede resulta que os autores defendem que a composição do vinho Zilavka deve incluir a Krkosija e a Bena em diferentes proporções. No entanto, a Krkosija tem estado cada vez menos presente nas vinhas da Herzegovina, devido ao seu rendimento variável devido a anomalias na abertura do chapéu estrelado, o que é responsável por uma fertilização deficiente e pela frutificação das bagas. A Bena está também cada vez menos presente porque estudos anteriores mostraram que é inferior à Zilavka e à Krkosija em termos de valor económico. Atualmente, a prática comum consiste em estabelecer plantações de variedades puras, tendo-se iniciado a produção de vinhos de variedades puras. Estudos recentes demonstraram que, com a aplicação de técnicas e tecnologias modernas, é possível obter vinhos puramente varietais de Zilavka de qualidade superior. Esta constatação não afecta os valores económicos da Krkosija e da Bena, que podem continuar a ser utilizadas em misturas com a Zilavka para a produção de vinhos de qualidade, mas também como vinhos puros de casta.

Figura 36. Adega moderna

Os vinhos brancos de boa qualidade caracterizam-se por um aroma distinto e bem pronunciado da casta, harmonizado com fragrâncias frutadas finas e um sabor cheio e redondo, com uma proporção equilibrada de álcool e acidez total. Vários factores podem influenciar a qualidade dos vinhos brancos: a casta, a colheita, o solo, o clima, o rendimento por videira, a época da vindima, a limpidez do mosto, as leveduras e, sem dúvida, um dos mais importantes é o desenrolar do processo de fermentação alcoólica. O metabolismo das células de levedura e a síntese de muitos compostos importantes para a qualidade do vinho dependem em grande medida das condições de temperatura em que ocorre a decomposição dos açúcares. A fragrância do vinho é muito complexa e é um dos principais factores da sua qualidade. Para os vinhos que não têm um aroma varietal marcado e reconhecível, são muito importantes as fragrâncias frutadas que se formam durante a fermentação a temperaturas mais baixas.

Os vinhos brancos de boa qualidade, produzidos a partir de castas com aroma próprio, caracterizam-se por um aroma distinto e bem expresso, típico da cultivar, que deve ser bem misturado com subtis fragrâncias frutadas de fermentação arrefecida. Não há dúvida de que os bons vinhos Zilavka se caracterizam por um aroma muito agradável e caraterístico da casta, mas infelizmente não está terminologicamente determinado em mais pormenor. Sabe-se que as temperaturas modificam o metabolismo das leveduras durante a fermentação alcoólica, que se manifesta principalmente na biossíntese de álcoois superiores, ésteres de acetato e ésteres etílicos de ácidos gordos, compostos que constituem a parte principal dos aromas de fermentação dos vinhos novos. A temperaturas de fermentação mais baixas, a síntese dos ésteres voláteis é mais forte e a dos álcoois superiores é mais fraca. Nos vinhos puros da casta Zilavka obtidos por fermentação a temperaturas mais baixas, são típicos os agradáveis aromas frutados e florais. Em contrapartida, os vinhos produzidos por fermentação a temperaturas mais elevadas contêm concentrações mais elevadas de álcoois superiores específicos, enquanto as concentrações de ésteres são mais baixas, devido a uma síntese mais fraca e a uma hidrólise e evaporação mais rápidas. Com base no que precede, é possível assumir que as avaliações das propriedades sensoriais dos vinhos de tratamentos específicos dependem largamente da proporção de aromas de frutos de fermentação e de compostos característicos do aroma varietal. As avaliações mostraram que temperaturas mais baixas durante a fermentação resultam numa qualidade geralmente mais elevada dos vinhos Zilavka. No entanto, os vinhos "Zilavka" produzidos por fermentação a 20 °C eram mais qualitativos do que os obtidos por fermentação a 15 °C. A fermentação a 20 °C deu origem a vinhos com um aroma varietal reconhecível e caraterístico, muito bem misturado com fragrâncias frutadas da fermentação arrefecida. Embora não tenham sido determinados analiticamente, supomos que os vinhos fermentados a temperaturas mais baixas tinham mais ésteres voláteis, que eram dominantes na fragrância dos vinhos em relação aos compostos que caracterizam o aroma varietal. Estudos efectuados mostraram que os vinhos de qualidade muito inferior resultaram de fermentações a temperaturas superiores a 25 °C, para as quais contribuíram grandemente as concentrações elevadas de álcoois superiores, especialmente o álcool isoamílico (Prusina, Herjavec, 2008).

Figura 37. Adega do mosteiro

A técnica de maceração controlada das uvas pode também conduzir a uma melhoria considerável da qualidade do vinho branco, pelo que, em alguns países, se tornou um processo tecnológico padrão no processo de produção de vinho branco. A maceração clássica (temperaturas de 20-25 °C) e a maceração a frio (temperaturas de 5-10 °C) são as mais utilizadas na prática. A maceração clássica pode levar a uma maior extração de compostos fenólicos, o que está associado a uma adstringência pronunciada e à secura do vinho. Por outro lado, a maceração a frio resulta numa extração intensa de compostos aromáticos, enquanto a extração de compostos fenólicos indesejáveis é reduzida ao nível mais baixo possível. Estudos efectuados mostraram que diferentes durações de maceração têm efeitos diferentes na composição química e nas propriedades sensoriais do vinho Zilavka. Os resultados do exame sensorial mostraram que a maceração a frio tem um efeito positivo na qualidade do vinho Zilavka. Nos vinhos Zilavka obtidos por maceração a frio, os aromas varietais são mais pronunciados, a fragrância mais intensa, o sabor arredondado e cheio. (Herjavec et al. 2008).

A qualidade dos vinhos brancos depende significativamente do tipo e da estirpe de leveduras que efectuam a fermentação alcoólica. As estirpes de leveduras variam geralmente muito na síntese de compostos voláteis relevantes para a qualidade do vinho, tais como álcoois superiores, ésteres voláteis, ácidos voláteis, etc. Na produção do vinho Zilavka, variedade de vinho autóctone da Herzegovina, as preparações comerciais de leveduras estão cada vez mais presentes, embora a sua utilização possa resultar em vinhos que muitas vezes não são reconhecíveis pelo seu aroma varietal e área de produção. As estirpes autóctones de leveduras desempenham um papel muito importante na tipicidade das características sensoriais dos vinhos de casta. Foi efectuada uma investigação sobre a influência da fermentação com diferentes estirpes de leveduras *Saccharomyces cerevisiae* sobre as concentrações de álcoois superiores totais e individuais, acetatos de etilo, gliceróis e ácidos orgânicos nos vinhos Zilavka produzidos a partir de uvas provenientes de três posições ambientalmente diferentes da região vitícola de Mostar. Os estudos demonstraram que a qualidade do vinho Zilavka, para além das qualidades específicas do local de produção e da colheita, depende em grande medida das estirpes de leveduras responsáveis pela fermentação alcoólica. Na produção prática dos vinhos da casta Zilavka, seria, portanto, muito útil utilizar estirpes de leveduras autóctones isoladas da região vitícola de Mostar, o que permitiria uma qualidade superior e o reconhecimento varietal do vinho Zilavka (Prusina, 2011).

Os resultados da investigação indicam que a produção de vinho puro varietal Zilavka é viável com a aplicação de técnicas e tecnologias modernas. Atualmente

A Herzegovina produz principalmente vinhos Zilavka puramente varietais, e numerosas medalhas e prémios atestam que se trata de uma variedade de uvas de alta qualidade, em que é possível produzir vinho de qualidade superior com vinificação profissional e aplicação de tecnologias modernas.

Características qualitativas da cultivar Blatina e das cultivares acompanhantes

Tal como para a Zilavka, também para a Blatina foram efectuados numerosos estudos científicos. Após muitos anos de investigação, Supica e Kaljuzni (1958) especificam os açúcares e ácidos médios da Blatina (quadro 10):

Quadro 10: Teor de açúcar e ácidos na variedade Blatina

Wine-growing region	No. of test years	No. of tested samples	Sugar g/ 100 ml	Total acid g/L
Mostar	10	188	20.4	6.8
Brotnjo	10	152	21.7	7.2
Dubrave	7	60	22.8	6.7
Ljubuski	3	39	22.6	6.3
Average			21.9	6.75

Em Blatina o número de anos com açúcar acima de 22,2% é:

Wine-growing region	No. of test years	With sugar above 22.2%
Mostar	10	4
Brotnjo	10	5
Dubrave	7	2
Ljubuski	3	2

Os autores concluíram que, entre as variedades tintas, a Blatina é a variedade de melhor qualidade que apresenta a proporção mais equilibrada de açúcar e ácido.

As análises do Centro de Investigação e Desenvolvimento de Hepok, em Hodbina, de 1955 a 1971, deram os seguintes resultados:

Quadro 11: Teor de açúcar e ácidos na cultivar Blatina durante um longo período

Wine-growing region	Year	Sugar %		Total acid g/L	
		min.	max.	min.	max.
Mostar	1955	18.50	19.00	5.30	7.70
	1956	17.80	19.90	5.60	6.10
	1960	-	18.80	-	7.00
Brotnjo	1957	19.80	20.90	7.24	7.20
	1959	19.50	21.00	6.00	7.40
	1960	18.00	22.80	6.30	7.10
	1971	18.40	20.00	8.00	8.60
Ljubuski	1956	-	20.80	-	7.00
	1968	18.60	22.60	6.40	7.20
	1971	18.90	22.20	6.50	7.50
Dubrave	1956	-	19.10	-	8.00

Fonte: HEPOK, Mostar, 1972.

Os dados indicados mostram que o açúcar médio é suficiente para dar ao vinho um teor de 12,2% vol., mas em alguns anos, quando os rendimentos são mais baixos, quando as condições ambientais são favoráveis e as uvas estão tecnologicamente maduras, os açúcares podem ser de 23 a 25% e o álcool no vinho de 13 a 15% vol.

Cecuk (1958), referindo-se ao zonamento da viticultura da Bósnia e Herzegovina efectuado na altura, deu o seguinte parecer sobre a composição do vinho tinto do tipo Blatina padrão;

- Blatina como a principal variedade, com uma percentagem de 60%.

- Skadarka e Plavka, como variedades de apoio, na proporção de 20%

- Alicante Bouchet, na qualidade de teinturier, com a percentagem de 10%.

- Outras variedades de ensaio de cor vermelha, na proporção de 10%

Supica pensa da mesma forma, que nas variedades de vinho tinto, a Blatina deve ter uma proporção de 60%, e as suas variedades acompanhantes Skadarka, Plavka e Alicante Bouchet juntas 40%. Avramov e Briza (1965) afirmam que o Blatina standard atinge a intensidade de 13 a 15% vol. em anos excepcionais. O vinho é de cor vermelha escura, aromático e de sabor muito agradável, muito procurado e valorizado no país, e tem uma excelente comercialização nos mercados estrangeiros. Stojanovic (1954) escreve que a Blatina pode ser utilizada para produzir vinhos tintos de alta qualidade, de cor vermelha escura, com 11-13% em volume de álcool, 6-7% de acidez total e 0,6 g de ácido fosfórico por litro, muito aromáticos e de ótimo sabor.

Os resultados médios das análises efectuadas durante 15 anos ao vinho Blatina (1955 - 1970) pelo laboratório enológico Hepok são apresentados no quadro 12:

Quadro 12. Teor químico do vinho Blatina por regiões vitícolas

Analysis elements	Wine-growing region and site		
	Mostar (26 samples)	Brotnjo (88 samples)	Ljubuski (15 samples)

Alcohol vol. %	12.41	12.70	12.75
Total extract g/L	25.52	26.13	26.22
Total acid g/L	5.46	5.52	5.07
Volatile acid g/L	0.65	0.65	0.69
Nonvolatile acid g/L	4.21	4.66	4.12
Ash g/L	2.28	2.73	2.61
Phosphoric acid g/L	0.54	0.34	0.38
pH	3.20	3.18	3.10

Fonte: HEPOK, Mostar, 1972.

Propriedades organolépticas do vinho Blatina Mostar:

- Cor: vermelho escuro

- Clareza: cristalina

- Fragrância: desenvolvida e típica da variedade

- Sabor: cheio e harmonioso

Com base nas análises efectuadas pelo serviço enológico do Hepok durante muitos anos, os valores-limite dos parâmetros de base do vinho Blatina Mostar são apresentados no quadro 13.

Quadro 13. Valores-limite de alguns componentes do vinho Blatina

Analysis elements	Contents in wine	
	minimum	maximum
Specific gravity	0.9915	0.9998
Alcohol vol. %	12.0	13.0
Total extract g/L	22.0	32.0
Total sugar as invert sugar g/L	1.0	1.5
Extract without sugar g/L	22.0	31.0
Total acids (as tartaric acid)	5.0	7.0
g/L	0.35	0.80
Volatile acid (as acetic acid)	13	3.0

g/L	1.6	3.5
Free tartaric acid g/L	6.5	11.5
Ash g/L	0.25	0.80
Glycerol g/L		
Phosphoric acid g/L		

Fonte: HEPOK, Mostar, 1972.

Proteção da origem geográfica da Blatina

No período de 1970 a 1973, nem um único vinho da então Jugoslávia foi protegido como vinho de qualidade superior. Foi apenas com a decisão do Secretariado de Estado da Agricultura e Florestas da SR B&H n.º 04-011-73, de 26 de junho de 1973, que o Blatina Mostar foi declarado vinho de renome, e com o Decreto de proteção do vinho de renome. 04-011-73, de 26 de junho de 1973, que o Blatina Mostar foi declarado vinho de renome, e pelo decreto relativo à proteção da origem do vinho de renome Blatina Mostar, promulgado pela mesma secretaria com o n.º 011-73, de 29 de junho de 1973. 011-73 de 29 de junho de 1973 (Jornal Oficial da SR B&H n.º 20 de 24 de junho de 1973), este vinho passou a ser protegido por lei. Assim, na Jugoslávia, em 1973, existiam sete vinhos famosos protegidos, entre os quais o Zilavka Mostar e o Blatina Mostar. A declaração do Blatina como vinho famoso seguiu-se a vários anos de estudos. A área de produção de uvas para o famoso vinho Blatina Mostar é essencialmente a mesma que a de Zilavka Mostar.

Como é sabido, a Blatina tem uma flor funcionalmente feminina e não pode fecundar-se sozinha. Por conseguinte, é plantada juntamente com outras variedades vermelhas que florescem ao mesmo tempo e são utilizadas como polinizadores. As suas companheiras são, na maioria dos casos, a Alicante Bouchet, a Trnjak, a Plavka, a Kadarka, a Merlot e a Vranac. O vinho tinto (preto) é mais valorizado se a sua cor for mais escura. Para obter uma cor mais escura no Blatina, é necessário que uma casta de cor mais escura participe na sua composição. Estas são as polinizadoras acima mencionadas, mas estudos demonstraram que as melhores, com outras boas qualidades, são Alicante Bouchet, Gamay teinturier, Merlot e Vranac (HEPOK Mostar, 1972).

O tipo normal do vinho Blatina nunca foi puramente tripartido, mas sempre uma mistura de Blatina como variedade principal e outras variedades acompanhantes, e não podemos falar de algumas propriedades bem estabelecidas e iguais do vinho Blatina. A sua composição varia consoante o teor ou a proporção de uvas escuras no vinho Blatina. O teor de Blatina num tipo normal deste vinho variava geralmente entre 55 e 65%, enquanto as castas acompanhantes variavam. Estas eram principalmente Alicante bouchet, embora por vezes a sua proporção fosse inferior, por exemplo, Trnjak e mesmo Plavka estavam incluídas na composição do vinho em Ljubuski (HEPOK Mostar, 1972).

O famoso vinho Blatina Mostar é feito de uma mistura de castas, especificamente Blatina, com um mínimo de 70%, enquanto os outros 30% são constituídos pelas castas acompanhantes: Alicante Bouchet e Gamay teinturier, no máximo 20% em conjunto, e cerca de 10% de Vranac e Merlot. Ao declarar o Blatina Mostar como famoso, espera-se que este vinho apresente as seguintes propriedades organolépticas: cor vermelha rubi escura, limpidez cristalina, com um aroma desenvolvido e típico de sortal e um sabor encorpado e harmonioso. O teor de álcool dos vinhos situa-se entre 12 e 13% vol., o extrato sem açúcar entre 24 e 31 g/L, a acidez total entre 5 e 7 g/L e a acidez volátil até 0,8 g/L (Gojkovic, 1973).

Tanto em Zilavka como em Blatina, as disposições legais permitem que um vinho ostente o nome da casta se contiver pelo menos 85% dessa casta, pelo que o estudo sobre a proteção do famoso vinho Blatina Mostar teve de ser corrigido nessa parte (Kovacina e Pedisa, 1987). O vinho de qualidade superior Blatina Mostar é produzido a partir da casta homónima e das suas companheiras Gamay teinturier, Merlot e Vranac. A casta Blatina está representada em 85% e as referidas companheiras em 15%. O vinho de qualidade superior Blatina Mostar tem 12 a 13% vol. de álcool, 25 a 32 g/L de extrato total, 5 a 7 g/L de ácidos totais. O vinho é de cor vermelha rubi escura, com uma fragrância desenvolvida e caraterística, encorpado e de sabor harmonioso. Devido à sua qualidade excecional, o vinho de qualidade superior Blatina Mostar é detentor de numerosos prémios e medalhas de ouro e, em 1982, foi declarado o melhor vinho tinto da Jugoslávia na Feira de Novi Sad (Kovacina, Pedisa, 1987).

O vinho Blatina é conhecido há muito tempo no mercado local e no estrangeiro. Na exposição de vinhos do Adriático, em Split, em 1954, na primeira exposição de vinhos da Herzegovina, na Feira Internacional de Novi Sad, em 1964, 1965, 1966, 1967, 1969 e 1971, este vinho foi galardoado com medalhas de ouro, medalhas de prata e certificados de qualidade.

Atualmente, foram plantadas muitas vinhas da casta Blatina na região da Herzegovina. Devido à sua flor funcionalmente feminina e à fertilização irregular, as variedades polinizadoras são plantadas perto dela. Estas são principalmente a Alicante Bouchet e a Trnjak e, nalgumas vinhas, a Zilavka é a polinizadora.

Como referido, foram utilizadas principalmente tenturiers, depois Skadarka, Plavka, Trnjak, Merlot e Vranac até 40% na composição do vinho Blatina, a fim de melhorar a cor do vinho. Estudos mais recentes demonstraram que é possível produzir vinho Blatina puro, de cor vermelha rubi escura, sem adicionar teinturiers ou outras castas de apoio. No entanto, algumas condições devem ser satisfeitas para o efeito. É necessário, em primeiro lugar, ter em conta a colheita, um rendimento de 6 a 7 toneladas por hectare pode dar uma qualidade excecional de uvas para a produção de vinhos Blatina puros de qualidade superior. Controlar o teor de açúcares e de ácidos e determinar a data da vindima em função desse teor. A maturação tecnológica completa é muito importante na Blatina e é reconhecida pela secura de alguns bagos no cimo dos cachos. Estas uvas tecnologicamente maduras contêm nas cutículas dos bagos uma quantidade suficiente de substâncias que podem assegurar uma coloração muito boa do vinho. Com uvas quase sobremaduras, com o uso de enzimas e maceração prolongada, é possível obter vinhos muito coloridos e estruturais com teor alcoólico acima de 13% vol. e superior, e acidez total de 5,5 a 6 g/L. Estes vinhos têm potencial para estagiar em barricas de carvalho ou barricas pequenas onde ganham qualidade com o envelhecimento durante dois a três anos.

A maceração do mosto é um dos processos de vinificação mais importantes que pode ter um efeito na boa coloração do vinho, especialmente na concentração de antocianas e na qualidade dos vinhos tintos. Foi efectuada uma investigação com o objetivo de determinar as alterações na composição química de base, na concentração de antocianas e nas propriedades sensoriais dos vinhos Blatina resultantes da maceração do mosto durante 4, 6, 12 e 16 dias. Os resultados indicam que uma maceração mais longa teve um efeito positivo na qualidade do vinho Blatina. Nos vinhos Blatina obtidos após 12 e 16 dias de maceração, os teores de extrato, de cinzas e de fenóis totais, bem como o pH, aumentaram significativamente. Foi estabelecido que as concentrações de antocianinas totais e individuais estavam a aumentar até aos 12 dias de maceração. Os vinhos Blatina produzidos após 16 dias de maceração foram avaliados como os melhores em termos organolépticos (Herjavec et al. 2012).

Marcas de vinho na Herzegovina

Entre os primeiros vinhos que foram protegidos como vinhos de qualidade superior na região da antiga Jugoslávia contam-se o Zilavka Mostar (1970) e o Blatina Mostar (1973). Depois, deve ter levado cerca de 10 anos para que outros vinhos do então Hepok obtivessem proteção geográfica. Entre os vinhos brancos, destacam-se Zilavka - um vinho branco seco de qualidade, composto por 70% de Zilavka e 30% de Krkosija e Bena, na adega de Mostar; Samotok - vinho branco seco de qualidade, composto por 60% de Zilavka e 40% de Krkosija, Bena e Smederevka, na adega de Stolac; Mostarka - vinho branco seco de qualidade com 70% de Zilavka e castas acompanhantes Bena e Krkosija e 30% de Smederevka, na adega de Mostar; Herceg - vinho branco meio-seco de qualidade com 70% de Zilavka e 30% de Krkosija e Bena, na adega de Citluk; vinho branco de mesa hercegoviniano com 70% de Zilavka e castas acompanhantes e 30% de Smederevka, na adega de Citluk.

Kameno - vinho seco de qualidade superior, protegido em 1990, é atualmente o Zilavka mais conhecido, produzido a partir de uvas seleccionadas das vinhas de Kameni (Rocky) em Blizanci.

Figura 38. Garrafas de Blatina e Zilavka como as oferecidas ao Papa João Paulo II durante a sua segunda visita pastoral à Bósnia e Herzegovina (Banja Luka, 22 de junho de 2003)

Depois do Blatina Mostar, a Adega Ljubuski produziu todos os outros vinhos tintos com origem protegida: Crnjak - um vinho tinto seco de qualidade com 85% de Blatina, Vranac e Trnjak e 30% de Plavka; Samotok crni - vinho tinto semi-seco de qualidade com 50% de Blatina, 30% de Vranac e 10% de Merlot e Gamay cada; Muskat Hamburg - vinho tinto semi-seco de qualidade da casta Muscat Hamburg; Bogumil - vinho tinto de mesa seco produzido a partir de castas provenientes de vinhas plantadas às quais não pode ser atribuída uma categoria de qualidade e de uvas compradas a produtores individuais, principalmente Trnjak, Kadarun e Plavka.

Merlot - vinho tinto seco de qualidade superior, produzido a partir da casta com o mesmo nome, cuja origem geográfica foi protegida em 1990 e é produzido na adega Ljubuski.

Em meados da década de 1990, após a abertura de adegas mais pequenas e modernas, a maioria delas solicitou e obteve proteção para os seus vinhos. Tratava-se principalmente de vinhos das castas autóctones Zilavka e Blatina, e as suas denominações de origem eram acompanhadas de adjectivos ou atributos dos locais onde as uvas eram produzidas.

Para além das variedades autóctones e domesticadas do pré-guerra, no início do século XXI começaram a ser plantadas vinhas com variedades introduzidas no mundo: Chardonnay, Cabernet Sauvignon, Syrah, Plavac mali. Os vinhos produzidos a partir das referidas castas ostentam principalmente os nomes das castas a partir das quais foram produzidos.

Recentemente, foram efectuadas experiências com castas autóctones e introduzidas para melhorar a qualidade do vinho das castas autóctones e domesticadas que não têm um grande potencial.

No final, vale a pena mencionar que o primeiro champanhe herzegoviniano "Domano", baseado na variedade Zilavka, é produzido na Adega Zadro em Domanovici, enquanto no final do ano a Adega Citluk lançará um champanhe cuja composição inclui a variedade autóctone Zilavka e a introduzida Chardonnay na mesma proporção.

Figura 39. É assim que se fazia antigamente

Na região do norte da Bósnia, são produzidos vinhos de várias cultivares introduzidas e cultivadas localmente: Riesling, Grasevina, Chardonnay, Cabernet Sauvignon, Pinot blanc e Pinot noir, Merlot, Frankovka e outros.

Referências

Anicic, Z. 1952. O gospodarskoj vrijednosti hercegovackih vinskih sorti grozda, Poljoprivredni pregled Sarajevo, br. 5, 1952.

APRO - RO Istrazivacko razvojni institut Mostar. 1986. Hercegovacki vinogradi i vina, str. 23-30 i 70).

Arheoloski leksikon Bosne i Hercegovine. 1988. Zemaljski muzej, Sarajevo, u: Sv 3., br. 24.236.,. str. 302.

Avramov, V.; Briza, K. 1965. Posebno vinogradarstvo, Novi Sad.

Bojanovski, I. 1969. Anticka uljara na Mogorjelu i rekonstrukcija njenog torkulara. Nase starine, Sarajevo, 12/1969, str. 27.

Cecuk, S. 1958. Vinogradrstvo i vinarstvo u 10-godisnjem planu unapredenja poljoprivredne proizvodnje u BiH. Poljoprivredni pregled Sarajevo br. 7-8.

Gojkovic, M. 1973. Blatina Mostar- cuveno vino. Jugoslavensko vinogradarstvo i vinarstvo, br. 9, str.4-6, Beograd.

HEPOK. 1969. Elaborat uz zahtjev za donosenje propisa o proglasavanju vina Zilavka Mostar, kao cuveno vino, Mostar, 1969, str. 52 i 53, 69-84.

HEPOK, 1972. Elaborat uz zahtjev za donosenje propisa da se vino "Blatina" proglasi kao cuveno vino, Mostar, 1972, str. 133-137, 168.

Herjavec, S., Jeromel, A., Maslov, L., Jagatic Korenika, A., Mihaljevic, M., Prusina, T. 2012. Influência de diferentes tempos de maceração na composição de antocianinas e propriedades sensoriais de vinhos B latina. // Agriculturae Conspectus Scientificus (ACS). 77 (2012) , 1; 41-44.

Herjavec, S., Jeromel, A., Prusina, T., Maslov, L. 2008. Hladna maceracija i kvaliteta vina Zilavka //Zbornik sazetaka 43. hrvatski i 3. medunarodni simpozij agronoma / Pospisil, Milan (ur.) Zagreb: Agronomski fakultet Sveucilista u Zagrebu, 889-892.

Jelenic, J. 1917. Ljetopis franjevackog samostana u Kresevu. Glasnik Zemaljskog muzeja u Bosni i Hercegovini 29:73-74.

Kovacina, R., Pedisa, H. 1987. Karakteristike vina Hercegovine. Jugoslavensko vinogradarstvo i vinarstvo, br. 7-8, str. 50-56, Beograd.

Kresevljakovic, H- 1949. Gradska privreda i esnafi u BiH. Godisnjak istorijskog drustva BiH, 1:168-209.

Maric, J., Prusina, T., First-Baca, M. 2002. Nutritivna i farmakoloska vrijednost vina. Znanstveni glasnik 12/ Mostar, Sveuciliste u Mostaru, str. 93-105.

Mihic, Lj. 1968. Turisticki motivi i objekti u Hercegovini, Beograd, 1968, str. 115-117.

Neufeld, C. 1901. Die Weine der Herzegovina. Zeitschrift fuer Untersuchung der Nahrungs- und Genussmittel, sowie der Gebrauchsgegenstande, Heft 7 und 8.

Prusina, T. 2011. Utjecaj autohtonih sojeva kvasaca Saccharomyces cerevisiae na kvalitetu vina Zilavka, Doktorska disertacija, Agronomski fakultet
Sveucilista u Zagrebu.

Prusina, T., Herjavec, S. 2008. Utjecaj temperatura fermentacije na kakvocu vina Zilavka. Agriculturae Conspectus Scientificus 73 (1):127-130.

Roessler, L. 1888. Die Weine der Herzegovina und Bosniens. Mitteilungen der K.k. Chem. physiol. Versuchstation fuer Wein- und Obstbau in Klosterneuburg Stojanovic, M. 1954. Vinogradarstvo, priredio Vukasin Toskic, Beograd.

Stjepanovic, LJ. 1921. Vinogradarstvo i vina Bosne i Hercegovine. Bosansko- Hercegovacki tezak, 2 i 4.

Supica, M. 1952. Nesto o kvalitetu najvaznijih hercegovackih bijelih sorata grozda., Poljoprivredni pregled Sarajevo br. 7-8.

Supica, M. 1953. Prilog boljem upoznavanju nekih hercegovackih bijelih sorata vinove loze. Poljoprivredni pregled Sarajevo br. 6.

Supica, M., Kaljuzni, G. 1958. Jedanaest godina ispitivanja sira deset najzastupljenijih vinskih sorti grozda u Hercegovini. Poljoprivredni pregled Sarajevo, br. 9-10.

Supica, M. 1958. Aktuelni problemi u vezi sa obnovom vinogradarstva. Poljoprivredni pregled Sarajevo, br. 9-10.

Vego, M. 1981. Historija Brotnja od najstarijih vremena do 1878. godine, Skupstina opcine Citluk, Citluk, 1981.; str. 89 i 135.

CAPÍTULO 5

ESTADO, POSSIBILIDADES E PERSPECTIVAS DA VITICULTURA

E VINHO

A viticultura e a produção de vinho na estratégia de desenvolvimento da Bósnia e Herzegovina

Marko Ivankovic

Na parte sul da Bósnia-Herzegovina, a viticultura e a produção de vinho desenvolveram-se principalmente em pequenas explorações. Em termos de produção, a zona[8] do norte da Bósnia foi praticamente negligenciada. Só nos últimos dez anos é que alguns produtores plantaram vinhas com mais de 1 ha, pelo que o número de novas vinhas está em constante crescimento. Em 1990, a situação das vinhas era a seguinte:

> A Bósnia e Herzegovina tinha 5 781 ha de vinhas ou

> 24,50 milhões de vinhas de videiras europeias enxertadas em porta-enxertos americanos,

> A zona vitícola da Herzegovina representava 5 691 ha de vinhas, ou seja, 98,4%, e a zona do norte da Bósnia 90 ha, ou seja, 1,6%.

A estratégia de desenvolvimento do sector agrícola na Federação da Bósnia e Herzegovina (2006-2010) estabeleceu um objetivo a longo prazo para o desenvolvimento da viticultura e da vinificação na Bósnia e Herzegovina. O objetivo de cerca de 10 000 ha deverá ser alcançado até à adesão da Bósnia e Herzegovina à UE: [8]

---

[8] A Bósnia e Herzegovina está dividida em duas zonas vitícolas: Bósnia do Norte e Herzegovina. A zona do Norte da Bósnia é constituída por três regiões vitícolas: Kozara, Ukrina e Majevica. A zona da Herzegovina está dividida em duas subzonas: a subzona de Neretva e Trebisnjica, com as regiões

A Bósnia e Herzegovina tem boas condições de solo e de clima para aumentar a sua viticultura através da expansão em novas áreas da Herzegovina e da recuperação das áreas de plantação há muito abandonadas do Norte da Bósnia. Se os investidores manifestarem interesse e se estabelecermos mercados para os produtos, essa viticultura poderá atingir uma área de 10-12 mil hectares num futuro previsível. Isto aproximaria significativamente a Bósnia e Herzegovina das actuais áreas de cultivo de vinho na Eslovénia e diminuiria a grande diferença em relação à Croácia.

Fonte: Estratégia de desenvolvimento a médio prazo do sector agrícola na Federação da Bósnia e Herzegovina (2006-2010), Estratégia de desenvolvimento da agricultura da República da Srpska (2009 - 2015).

Além disso, estes documentos fornecem uma série de recomendações para o desenvolvimento do sector agrícola, incluindo o desenvolvimento da viticultura. Para efeitos do presente documento, mencionamos as mais importantes:

> A vinha continuará a ser a marca económica histórica da Herzegovina, mas a sua presença nas zonas há muito abandonadas do norte da Bósnia poderá ser reforçada,

> A análise do mercado das uvas de mesa indica que o nível atual da procura excede a oferta e que este processo tem de ser acelerado. Tal conduziria à instalação de vinhas de uvas de mesa numa área total de cerca de 900 ha,

> A situação é idêntica no que respeita às castas de uvas para vinho, e esta evolução colocaria a questão não só da restauração, mas também da indispensável mudança de qualidade no desenvolvimento futuro deste sector,

> Na primeira fase de desenvolvimento da viticultura, é necessário

---

vitícolas de Mostar e Siroki Brijeg, e a subzona de Rama, com a região vitícola de Jablanica restabelecer os níveis de produção anteriores à guerra (5781 ha) com uma proporção de castas tintas e brancas (60:40)

> Inquestionavelmente: a confiança nas cultivares originais (autóctones) Zilavka e Blatina, que, pela sua autoctonia especial e inigualável, não deveriam ter qualquer concorrência num mercado vinícola exigente,

> Para além destas, deve ser prosseguido o aumento da plantação das variedades mundialmente famosas Merlot, Cabernet Sauvignon e Chardonnay, completando (e melhorando) a oferta de exportação. Estas variedades já estão domesticadas no clima da Herzegovina e atingem uma elevada qualidade de produtos,

> Na zona do Norte da Bósnia, a plantação de novas plantações de videiras deve continuar, tendo o cuidado de selecionar variedades adequadas. Devem ser as variedades resistentes a baixas temperaturas e com um período de crescimento curto, ou seja, as variedades de vinho branco originárias da Europa, bem como as variedades de vinho preto que amadurecem na primeira e segunda épocas.

> Para evitar grandes fracassos nas plantações de vinhas, é necessário estabelecer um viveiro de coleção com um certo número de variedades que seriam exaustivamente testadas na zona em questão, e depois estabelecer vinhas com as melhores variedades.

> Estas plantações já se encontram presentes em várias localidades do norte da Bósnia e são efectuadas em colaboração com especialistas neste domínio. Isto mostra que esta cultura é aceite pela população local, o que pode ser um bom sinal para o seu futuro e cultivo em maior escala nesta região,

> Para atingir os objectivos estabelecidos de restauração e expansão das áreas de produção, é necessário definir, o mais rapidamente possível, a posição do sector e o estatuto do vinho como produto alimentar no mesmo, e adotar os seguintes documentos e medidas:

   o *Lei sobre o vinho da Bósnia e Herzegovina e estatutos*

(regulamentos),

- o *Programa de desenvolvimento da viticultura em conformidade com a adesão da Bósnia e Herzegovina à UE,*
- o *Identificar os locais imediatos para a expansão da viticultura em conformidade com o objetivo e a variedade,*
- o *Determinar as necessidades a longo prazo de material de plantação de vinha para a Bósnia e Herzegovina,*
- o *Reavivar o trabalho científico no domínio da vinha e definir e estabelecer as zonas experimentais,*
- o *Criar o banco de genes de castas autóctones, e*
- o *Estabelecer a agência acreditada para a viticultura e a enologia da Bósnia e Herzegovina junto da Comissão Europeia em Bruxelas,*
- o `Tomar` *medidas para a harmonização da legislação atual e futura com as directivas da UE, e*
- o *Formar pessoal especializado em viticultura e enologia.*

> Tudo isto deverá criar as condições básicas para um rápido desenvolvimento deste sector na Bósnia e Herzegovina, bem como regular a sua adesão à Organização Internacional da Vinha e do Vinho (OIV),

> Todas as medidas propostas deverão resultar numa deslocação para as áreas anteriores de cerca de 5.800 ha de vinha. A par da necessária melhoria da produtividade, tudo isto deverá constituir o primeiro passo para a preparação de uma projeção de desenvolvimento a longo prazo que conduza à expansão da atividade para áreas significativamente superiores às da década de 90, designadamente as que seriam indicadas pelas potencialidades do mercado interno e pelas reais possibilidades de exportação.

> Na segunda fase de desenvolvimento, seria desejável atingir um

nível de 10-12 mil hectares de vinhas.

O documento "Analysis of the wine sector in BiH"[9] apresenta uma análise pormenorizada da situação atual do sector vitivinícola na Bósnia e Herzegovina. O documento ajuda a identificar as circunstâncias actuais do sector vitivinícola e faz recomendações para a adoção de políticas que contribuam para melhorar as condições da viticultura e do sector vitivinícola no mercado interno, juntamente com acções atempadas para conquistar novos mercados de exportação.

A análise abrange o período de programação de dez anos, 2012-2021. O quadro 14 apresenta os valores da situação atual, bem como o valor da situação-alvo que deverá ser alcançada em 2021. Os cálculos são efectuados com base nos hectares utilizados para a produção de uvas.

As superfícies de vinha utilizadas para a produção de uvas dos agricultores e agregados familiares registados aumentaram de 1 296 ha (2011) para 10 000 ha em 2021. Isto equivale a um aumento de 6.700 hectares ou cerca de 650 ha por ano. Isto envolve a comercialização e profissionalização da produção primária de uvas, considerando que o rácio entre produtores registados e não registados é de 40:60, e a situação passará a ser de 100:0 em dez anos. Assim, o objetivo é que não haja produtores não registados em 2021.

Quadro 14. Linhas de base e objectivos definidos para a produção de uvas e vinho

[9]Sector vitivinícola na Bósnia e Herzegovina, Preparação da análise IPARD do sector na Bósnia e Herzegovina

GCP/BIH/007/CE, Número de contrato: 2010/256-560, Gabinete Sub-Regional para a Europa Central e Oriental

Item	2011 baseline	Investment plans for the sector, 2022	Vision 2022
Registered wine producers, ha	1.296	3.300	10.000
Unregistered wine producers, ha	1.944	944	0
Registered wine production, l	5.897 000	15.015 000	45.500 000
Unregistered wine production l	8.845 000	4.295 000	0
Value of registered production, KM	26.467 600	67.568 000	204.750 000
Value of unregeistered production, KM	39.803 400	19.328 000	0
Total value of wine production, KM	66.271 000	86.896 000	204.750 000

Fonte: Cálculos dos autores, retirados do documento "Analysis of the wine sector in BiH", página 97

Figura 40. Medjugorje, o famoso centro de peregrinação e consumo

Prevê-se que o aumento inclua 200 agricultores, dos quais cada um investe anualmente em 3-4 hectares de novas vinhas num período de 10 anos, ou 2.000 agricultores que o farão num só ano. A execução do programa proposto situar-se-á provavelmente algures entre os dois extremos. De qualquer modo, deve ter-se em conta que apenas um pequeno número de agricultores e agregados familiares cultiva uvas em superfícies superiores a 1 ha; cerca de 400, dos quais apenas 200 cultivam uvas em superfícies superiores a 2 ha.

O aumento das superfícies de produção de uvas resultará numa quantidade total de 45,5 milhões de litros de vinho provenientes das adegas registadas, se o rendimento se mantiver constante (7000 kg de uvas por ha) e a taxa de utilização por quilograma de uvas for uniforme.

É necessário planear um aumento do rendimento por hectare, pelo menos ao nível dos países vizinhos, e se os produtores da Bósnia e Herzegovina atingirem, por exemplo, 8 000 kg por hectare, como no Montenegro, a procura de hectares e, por conseguinte, a necessidade de investimentos, diminuirá.

Para processar esta quantidade de uvas, o sector das adegas registadas deve expandir-se da atual produção de 5,4 milhões de litros de vinho no total de 46 adegas registadas, com uma produção média de cerca de 120.000 litros por ano. A capacidade deste sector é atualmente de 25 milhões de litros. Para atingir a produção de uvas prevista, é necessário investir na expansão das capacidades das adegas existentes e na abertura de novas adegas. A produção de uvas será coberta por 30 novas adegas com uma produção média de 500 000 litros por ano e pela melhoria da produção atual das adegas existentes, que passará de 120 000 litros para 250 000 litros, em média, por ano. Isto significa que é necessário investir em três novas adegas por ano a partir de 2012.

Figura 41. Hutovo Blato

Para facilitar a venda desta quantidade de vinho, as exportações devem ser significativamente aumentadas. O aumento do consumo interno de vinho de 5 para 10 litros per capita, que ainda é inferior ao valor dos outros países da região, conduzirá a um aumento da procura, mas as experiências dos novos Estados-Membros provam que as importações de vinho aumentam após a adesão.

Por conseguinte, é necessário aumentar as exportações para os países vizinhos e para a UE. Se as importações de vinho aumentarem de 8,7 milhões de litros para 13 milhões de litros, o que representa um aumento de 50%, é necessário aumentar rapidamente as exportações dos actuais 3 milhões para 24 milhões de litros, ou seja, oito vezes mais do que o valor atual. Este aumento deve ser conseguido num mercado negativo.

O quadro 15 apresenta a quantificação dos valores de referência e dos valores-alvo para o comércio e o consumo[10]

Quadro 15. Quantificação dos valores de referência e dos valores-alvo para o comércio e o consumo

Item	2011.	Investment plans and targets for the sector	Vision 2022
Wine production, litres	13.413 400	19.310 000	45.500 000
Export, litres	2.962 244	6.000 000	24.000 000
Import, litres	8.715 466	13.000 000	13.000 000
Domestic consumption	19.166 622	26.310 000	34.500 000
Population, number	3.447 156	3.447 156	3.447 156
Domestic consumption, l per capita	5.56	7.63	10.00

Fonte: Cálculos dos autores, retirados do documento "Analysis of the wine sector in BiH", página 98

Para atingir estes objectivos, é necessário cumprir determinados requisitos, nomeadamente:

a. **Adoção da Lei do Vinho a nível estatal**

b. **Controlo ajustado e eficaz das exportações e importações,**

---

[10] O consumo de vinho na República da Sérvia é de cerca de 3,03 l per capita (Fonte: http://marketnetwork.rs/retail/analiza/1523-kvalitet-se-ne-dokazuje-visokom-cenom). O consumo de vinho está a aumentar, passando de 22,00 l em 2000 para 30,17 l per capita em 2010, mas continua a ser inferior à média dos países economicamente desenvolvidos da UE. Prevê-se um aumento do consumo per capita também no próximo período e, em 2013, deverá ser de 36,62 l per capita. Na República da Croácia, o consumo per capita é de cerca de 20 l (Fonte: I. Grgic, J. Gugic Magdalena Zrakic; Samodostatnost Republike Hrvatske u proizvodnji grozda i vina (Autossuficiência da República da Croácia na produção de uvas e vinho), Agronomski glasnik, no. 3/2011, ISSN 0002-1954)

eliminação da importação ilegal e transformação de uvas e vinho.

O maior problema é a exportação para o mercado croata, porque os vinhos importados são submetidos a uma avaliação organoléptica sensorial efectuada pelo Instituto Croata de Viticultura e Enologia.

A adoção do projeto de lei sobre o vinho permite a introdução de um sistema semelhante na Agência de Viticultura e Onologia da Bósnia-Herzegovina, que introduziria o mesmo procedimento de avaliação sensorial dos vinhos importados na Bósnia-Herzegovina. Todos os requisitos em termos de espaço e equipamento já existem.

a) **Controlo da qualidade, da origem e da rastreabilidade**

b) **Disponibilidade de material de plantação de alta qualidade, que é um dos pré-requisitos para o desenvolvimento bem sucedido da viticultura e do sector vitivinícola.**

Para o efeito, é necessário

- Estabelecer as necessidades a longo prazo de material de plantação de videiras na Bósnia e Herzegovina

- Estabelecer plantações-mãe,

- Formar um "núcleo" de material de base para a clonagem como fonte para o estabelecimento de plantações de videiras. Este facto está em parte relacionado com a utilização da cultura "in vitro";

- Organizar a seleção genética e segura de clones de variedades locais autênticas, especialmente as que representam uma base económica significativa (Zilavka e Blatina);

- Ajudar os viveiros de criação de cultivares em diferentes porta-enxertos com diferentes incentivos a tirar partido de uma grande variedade de tipos de solo, por exemplo, escolhendo os substratos adequados para numerosos clones de cultivares.

Figura 42. Colheita tradicional

Um aspeto muito importante de um regime regulamentar harmonizado é o apoio aos investimentos que está disponível para agricultores e transformadores no país, bem como em entidades e cantões/condados. Recomenda-se a existência de um sistema estatal integrado que elimine as diferenças regulamentares entre as entidades, contribuindo assim para criar uma concorrência leal no sector. Uma política agrícola transparente a nível estatal é de importância crucial para este sector.

Outras intervenções do IPARD

Outras medidas no âmbito dos regulamentos IPA são avaliadas à luz da análise setorial. A julgar pelos planos de investimento nas adegas, o apoio à diversificação das actividades geradoras de rendimentos nas zonas rurais é muito importante. As adegas esperam investimentos significativos no enoturismo, aproveitando as infra-estruturas do projeto da ***Rota do Vinho da***

Figura 43. Mostar, centro da região vinícola

A necessidade de contribuir para o reforço das capacidades do sector vitivinícola também está constantemente presente. A formação dos conselheiros agrícolas, dos agricultores e dos trabalhadores das adegas é necessária para acompanhar a evolução do sector vitivinícola internacional. Por um lado, o sector deve apoiar-se nos seus próprios conhecimentos e tradições, mas, por outro, deve beneficiar dos conhecimentos internacionais, sempre que estes sejam pertinentes e rentáveis. Isto é particularmente importante dado que o sector articulou claramente a sua ambição de melhorar a produção de vinhos de qualidade a partir de castas autóctones. Ao mesmo tempo que se complementa esta ambição com princípios de produção biológica e biodinâmica, é necessário reforçar os conhecimentos e as competências dos produtores, tanto no terreno como nas adegas. É necessária a formação de professores e trabalhadores do sector, e o apoio pode ser prestado através do IPARD.

A cooperação na cadeia de abastecimento não é a melhor, embora os participantes não tenham a mesma visão da situação. Dadas as circunstâncias, a expansão para os mercados internacionais exige uma maior cooperação entre os viticultores. Recomenda-se apoiar a criação e o funcionamento de associações de produtores.

O mercado internacional é a chave para a expansão do sector. No entanto, a comercialização e a promoção no estrangeiro são relativamente dispendiosas, mas são possíveis com os esforços conjuntos e a cooperação dos fabricantes.

Conclusão

O planeamento estratégico no domínio da viticultura e da vinificação da Bósnia e Herzegovina é evidente através da análise dos documentos estratégicos. No entanto, à exceção de um verdadeiro planeamento e de anos de antecipação por parte dos viticultores e vinicultores, podemos concluir que a maioria dos documentos estratégicos não foi realizada. Na revisão do documento estratégico, a maior atenção foi dedicada ao documento intitulado "Análise do sector vitivinícola na Bósnia e Herzegovina", que foi desenvolvido com a assistência da FAO. O documento fornece recomendações estratégicas para um maior desenvolvimento do sector até 2021. Além disso, o documento forneceu as fontes reais de financiamento que são aqui enumeradas.

Situação atual da viticultura na Federação da Bósnia e Herzegovina

Viktor Lasic

De acordo com os dados do Serviço Federal de Estatística (quadro 16), existe um total de 13 493 000 videiras na Bósnia e Herzegovina, das quais são colhidas 22 973 toneladas de uvas. A viticultura na Bósnia e Herzegovina é definida pelo documento fundamental "Zoning of viticultural production of BiH", elaborado em 1977. De acordo com esse documento, a viticultura na Bósnia e Herzegovina está organizada em duas zonas vitícolas, a zona do Norte da Bósnia e a zona da Herzegovina, sendo cada uma delas constituída por três regiões vitícolas. Os limites das regiões vitícolas não se encontram ao nível das entidades. Apenas duas regiões vitícolas, Jablanica e Siroki Brijeg, estão inteiramente localizadas na Federação da Bósnia e Herzegovina, enquanto as outras quatro regiões vitícolas abrangem partes de ambas as entidades, a Federação da Bósnia e Herzegovina e a República da Srpska. A Federação da Bósnia e Herzegovina está dividida administrativamente em cantões. Existem duas regiões vitícolas na área do cantão Herzegovina-Neretva, Mostar e Jablanica, enquanto a região vitícola de Siroki Brijeg se estende maioritariamente na área do cantão Herzegovina Ocidental e apenas uma pequena parte se estende ao cantão Herzegovina-Neretva na área de Mostarsko Blato.

Tabela 16. Produção de uvas em 2012.

Year	Number of vines		Grapes produced (t)	Yield per vine (kg)
	Total	Productive		
2012	13,493,000	12,075,000	22,973	1.9

Os dados estatísticos na Bósnia e Herzegovina são mantidos em entidades, condados e municípios, pelo que é difícil estabelecer os volumes de uvas produzidos em regiões vitícolas específicas. De acordo com os dados do quadro 17, é evidente que 99,44% da produção de uvas na Federação da Bósnia e Herzegovina é efectuada na zona da Herzegovina, especificamente nas regiões vitícolas de Mostar e Siroki Brijeg, enquanto quatro outras regiões vitícolas quase não produzem. É por isso que a viticultura, enquanto atividade económica, está quase exclusivamente relacionada com a Herzegovina.

Tabela 17. Produção de uvas nos concelhos em 2012.

Canton	Total yield (t)
Herzegovina-Neretva	19,579
West Herzegovina	3,229
Other counties	123
Total	**22,937**

Figura 44. Vinha em terreno cársico

Os dados sobre as superfícies plantadas com vinha ainda não são fiáveis enquanto o cadastro vitícola não estiver concluído. Não existem quaisquer dados relativos a 2012, e o autor estima que as áreas variam entre 3 500 ha e 4 000 ha (cálculo baseado na relação entre o número total de videiras e 3 000 videiras/ha ou 3 500 videiras/ha). Existem dados estatísticos oficiais sobre as áreas até 2012 e uma parte deles é mostrada ao lado de cálculos indirectos para o mesmo ano (Quadro 18), o que mostra realisticamente a deficiência dos dados estatísticos oficiais. Para além da referida deficiência e do número insuficiente de dados estatísticos, existe também uma diversidade de dados estatísticos em várias unidades organizacionais do Estado.

Quadro 18. Diferenças entre dados estatísticos e cálculos indirectos

Year	2005 (ha)	2010 (ha)	2011 (ha)
BiH statistics	no data	5,000	no data
FBiH statistics	5,200	5,500	5,100
Indirect calculation	2,100	3,300	3,500

Na zona vitícola da Herzegovina, as castas autóctones Zilavka e Blatina, bem como as suas cultivares de apoio, são maioritariamente cultivadas. Trata-se dos vinhos brancos Krkosija, Bena e Dobrogostina e dos vinhos tintos Alicante Bouschet e Trnjak. Estas cultivares cobrem mais de 80% das superfícies totais. As cultivares estrangeiras mais frequentemente cultivadas são a Vranac, principalmente perto de Trebinje, mas também noutras zonas da Herzegovina, depois a Smederevka, a Merlot e a Skadarka. Recentemente, estão a ser introduzidas as conhecidas cultivares Cabernet Sauvignon, Chardonnay, Syrah, Grasevina e Plavac mali. A gama de cultivares está assim a expandir-se, mas Zilavka e Blatina continuam a ser dominantes como a marca da Herzegovina.

As áreas de vinha aumentam gradualmente, mas a diminuição das cultivares de mesa nos últimos vinte anos é motivo de preocupação. No início da década de 1990, havia quase 700 ha de cultivares de mesa, ao passo que atualmente essas áreas são de cerca de 300 ha, segundo a avaliação do autor, produzindo cerca de 550 t de uvas de mesa. As cultivares mais comuns de uvas de mesa são Kardinal, Kraljica vinograda, Afus Ali, Demir Kapija, Italija e, em menor escala, Black magic, Viktoria, Moldova e outras. De acordo com os dados da Câmara de Comércio Externo da Bósnia e Herzegovina de 2007, a importação anual de uvas de mesa foi de 4 355 toneladas, o que demonstra a grande disparidade entre a produção e o consumo. A Bósnia e Herzegovina tem condições favoráveis e áreas potenciais para o cultivo de cultivares de uvas de mesa e o aumento da produção de uvas de mesa deve ser um dos compromissos estratégicos no desenvolvimento da agricultura, a fim de equilibrar tanto quanto possível a produção e o consumo.

Figura 45. Vinha no outono

Existem três viveiros de videiras na região da Herzegovina. Dois deles são viveiros privados na zona de Capljina, cada um com 2 ha, e produzem material de plantação normalizado. O terceiro viveiro moderno, situado no município de Ravno, no campo de Popovo, tem uma área de 4 ha e produz material de plantação certificado. Estes viveiros produzem porta-enxertos que são mais frequentemente utilizados na Herzegovina: Kober 5BB, Paulsen 1103, Richter 109, Richter 110, Ruggeri 140, 161-69 Couderc e 41B. De acordo com as avaliações do autor, são produzidos anualmente na zona da FB&H cerca de 400 000 enxertos de vinha de alta qualidade.

Figura 46. A Blatina é colhida

Existe também um desequilíbrio na produção e no consumo de vinho. A produção anual de vinho na Bósnia e Herzegovina é de 10 000 000 l e a importação anual é de 10 277 297,82 l. De acordo com um estudo efectuado por um grupo de autores com o objetivo de desenvolver a estratégia agrícola da Federação da Bósnia e Herzegovina, os dados relativos às capacidades de produção e de armazenagem são os seguintes

- as adegas industriais têm uma capacidade de 25.000.000 l
- as caves privadas registadas têm uma capacidade de 4.000.000 l
- as caves privadas não registadas têm uma capacidade de 2.000.000 l.

De acordo com os mesmos dados, existem 46 adegas registadas no território da B&H.

A análise SWOT da situação da produção de uvas baseia-se em dados estatísticos existentes, complementados por cálculos indirectos e informações pessoais do autor.

O estado da viticultura e da vinificação na República da Srpska.

Tatjana Jovanovic-Cvetkovic

A produção de uvas e vinho na República da Srpska regista uma tendência de aumento significativo nas últimas duas décadas, tanto na região da Herzegovina Oriental como na parte norte da República da Srpska. Os dados do Instituto Estatal de Estatística para o período de 1999 a 2012 mostram que as áreas plantadas com vinha são quase três vezes maiores. Contudo, o sector da viticultura e da vinificação na República da Srpska debate-se com numerosos problemas, a começar pelo quadro jurídico, a produção de material de plantação, mas também a formação técnica e tecnológica dos produtores para a produção de uvas e vinho. A adoção da Lei do Vinho da República da Srpska, com os regulamentos adequados que a acompanham, constituiria uma boa base para a definição do quadro jurídico para o desenvolvimento deste ramo da produção agrícola.

Considerada ao longo de um período de tempo mais longo, a produção de uvas e de vinho na República da Srpska pode ser caracterizada como uma atividade tradicional apenas na região da Herzegovina Oriental. O município de Trebinje, com os campos de Popovo, Petrovo e Mokro na parte oriental da Herzegovina, é a principal zona vitivinícola do território da República da Srpska. Em 1977, o zonamento da viticultura na Bósnia e Herzegovina definiu três regiões vitícolas na zona vitícola do norte da Bósnia: Kozara, Ukrina e Majevica. Contudo, o desenvolvimento da viticultura nas três regiões vitícolas foi muito inferior à produção média no território da Herzegovina. As diferenças entre estas duas zonas reflectem-se no solo, no clima e noutras especificidades que têm uma grande influência na produção de uvas e de vinho.

Figura 47. Vinha moderna em Trebinje

Com base nos dados sobre os tipos de solo dominantes, podemos concluir que existem diferenças muito significativas entre as duas zonas vitícolas mais importantes da República da Srpska. Nomeadamente, o solo castanho ácido, o calcomelanosol, o calcomelanosol sobre calcário, o solo aluvial, o solo de prado, o pseudogley (tipo vale, encosta e terraço) e outros tipos de solo são predominantes na parte norte e noroeste da República da Srpska. A área da Herzegovina Oriental é caracterizada principalmente pela presença de solos pouco profundos, tais como solo castanho sobre calcário, solo castanho sobre marga, solo castanho sobre serpentina, rendzina, terra rossa e outros solos.

Podem ser identificados três tipos de clima no território da República da Srpska:

Clima continental temperado (zona peripanónica setentrional) - com Invernos moderadamente frios e Verões quentes;

- *Clima de montanha e de vale montanhoso - com Verões curtos e frescos e Invernos frios e com neve;*

- *Variante modificada do clima mediterrânico, clima adriático (Herzegovina) - com verões muito quentes, precipitação principalmente no outono e no inverno e ventos típicos, bora e jugo.*

A análise dos valores médios dos parâmetros climáticos estabeleceu diferenças significativas, que se devem principalmente às posições geográficas e às altitudes dos locais em que foram efectuadas as medições.

Quadro 19. Indicadores climáticos como factores de sucesso do crescimento das videiras (Banja Luka e Trebinje)

Climatic indicators	Trebinje	Banja Luka	Razlika Difference
Average air temperature in vegetation, (°C)	19,9	17,5	+2,4
Average annual air temperature, (°C)	14,9	11,9	+3,0
Absolute minimal air temperature, (°C)	-8,4	-26,4	- 18,0
The effective temperature sum in vegetation, (°C)	2114,1	1602,2	+511,9
Insolation in vegetation, (h)	1929,0	1493,7	+435,3
The rain sum in vegetation, (mm)	683,4	628,6	+54,8
Potential duration of sunshine in vegetation (h)	2921,8	2909,6	+12,2

A análise dos parâmetros climáticos de base indica claramente condições climáticas muito mais favoráveis para a cultura da uva na zona da Herzegovina. A temperatura mínima absoluta do ar, cujo valor é de (-26,4 °C) na zona de Banja Luka, pode constituir um problema específico para a cultura da uva na parte norte da República da Srpska. O impacto negativo das baixas temperaturas invernais pode ser superado pela seleção adequada das variedades, bem como pela aplicação de procedimentos agro-técnicos e ampelo-técnicos na produção de uvas adaptadas ao cultivo continental de uvas.

Superfícies e produção de uvas e vinho na República da Srpska

A análise dos dados estatísticos sobre a produção de uvas e vinho na República da Srpska para o período de 1999 a 2012 (Anuário Estatístico da República da Srpska, 2012) mostra que houve um aumento da área total de vinhas no período, o que resultou num aumento da produção de vinho. Embora seja difícil determinar com precisão a intensidade do desenvolvimento da viticultura na parte norte da República da Srpska e na Herzegovina Oriental, os dados de campo indicam que a tendência para o estabelecimento de novas vinhas está presente em ambas as regiões.

Figura 48. Vinha no norte da Bósnia

Em linha com o aumento da área total de vinhas no período observado, registou-se também um aumento do número total de vinhas produtivas de quase um milhão de vinhas produtivas. A produção total de uvas no período analisado também se caracteriza por uma tendência de crescimento. No entanto, a produção total de uvas apresenta uma variação significativa por ano neste período, o que é uma consequência não só das referidas transformações da viticultura no período analisado (limpeza, renovação de vinhas velhas e estabelecimento de novas vinhas), mas também de diferentes condições meteorológicas que afectam indubitavelmente os rendimentos.

Com flutuações mais ou menos acentuadas, a produção total de vinho no período observado acompanha as diminuições ou aumentos do número de vinhas produtivas ou das quantidades de uvas produzidas (Quadro 20).

Quadro 20. Dados relativos à produção na República da Sérvia (1999 - 2012)

Year	Areas (ha)	Total number of vines (000)	Number of productive vines (000)	Total production of grapes (t)	Total production of wine (1000 l
1999	130	563	558	853	224
2010	527	1654	1501	3181	382
2011	518	1741	1508	3033	605
2012	514	1752	1587	2958	465

As flutuações registadas na produção de vinho podem estar relacionadas, entre outros factores, com os níveis de produção de uvas, mas, em alguns casos, também com a falta de capacidades de transformação suficientes e adequadas. A construção de capacidades modernas de transformação e armazenagem é certamente uma das actividades sérias que têm de ser implementadas no próximo período, a fim de melhorar e atualizar a produção vitivinícola na República da Srpska.

Regulamentação legal nos domínios da viticultura e da vinificação

Atualmente, a produção de uvas e de vinho na República da Srpska é parcialmente regulada por leis a nível da República da Srpska: a Lei sobre o Material de Plantação - que regula o método de produção e o comércio de materiais de plantação, e a Lei sobre o Vinho e o Brandy - que estabelece os métodos e as condições de produção de vinho, brandy de uva e outros produtos vitivinícolas, bem como a sua comercialização. No entanto, é necessário atualizar a legislação existente através de alguns estatutos ou normas que regulem mais pormenorizadamente o domínio em questão e o harmonizem com o quadro jurídico a nível estatal.

Cadastro vitícola

Marijo Leko

Todos os anos, grandes superfícies de terras agrícolas são utilizadas para fins não produtivos, o que as faz perder irreversivelmente. A conversão de terrenos agrícolas em terrenos para construção é feita de acordo com as necessidades do desenvolvimento económico. As zonas vitícolas, onde se podem e devem produzir castas autóctones de qualidade superior da Bósnia e Herzegovina, são irreversivelmente perdidas por este processo. Para poder criar uma política que regule este domínio, é necessário manter registos de todas estas alterações em termos de áreas totais, número total de parcelas de vinha, estrutura de propriedade, etc. O cadastro, enquanto conjunto de documentos gráficos e escritos que apresentam um determinado número de informações sobre cada parcela de terreno e estruturas nele existentes, é a melhor forma de registo.

Figura 49. Vinha jovem em terreno cársico

Panorama histórico

O capítulo sobre a história da viticultura nesta região tratou em pormenor as fontes históricas relevantes para a cultura da vinha. Até à época do Império Austro-Húngaro, não existiam dados precisos que indicassem claramente os factos reais em termos de área, cultivares, rendimento, distância de plantação e outras informações com base nas quais fosse possível tirar conclusões sobre este sector económico. A este respeito, o primeiro progresso foi feito pela organização do cadastro fundiário que foi implementado na nossa região pelas autoridades austro-húngaras no final do século XIX.

Após a ocupação da Bósnia e Herzegovina, a Áustria começou imediatamente a criar o registo cadastral. O cadastro fundiário foi desenvolvido num período muito curto, de 1880 a 1884. Foi concebido para satisfazer simultaneamente as necessidades militares e administrativas do Império. Durante este período, foram registados pouco mais de cinco milhões de parcelas e, para cada parcela, foram registadas a sua área e a cultura que se encontrava na parcela. Após a conclusão do levantamento cadastral e do estabelecimento de registos de terras, verificou-se que existiam 4 500 hectares de vinhas em toda a Bósnia e Herzegovina. Esta foi a primeira informação exacta sobre as áreas de vinha na Bósnia e Herzegovina. Posteriormente, as estatísticas sobre as áreas vitícolas foram geridas mais através de entrevistas e menos através de um exame exato da situação no terreno, o que, por vezes, podia conduzir a diferenças entre a situação real e a que era comunicada.

Até à Primeira Guerra Mundial, a produção estava a aumentar constantemente e, em 1912, havia 6 040 hectares de vinha na Herzegovina, com uma produção de 12 000 toneladas de uvas. No período entre as duas guerras mundiais, a viticultura estava a ter grandes problemas com a filoxera, a praga que destruiu um grande número de vinhas. A lenta renovação das vinhas através de mudas enxertadas e a calamidade da Segunda Guerra Mundial levaram ao facto de, no final da Segunda Guerra Mundial, existirem 3 021 hectares na Herzegovina, metade do que existiam antes da Primeira Guerra Mundial.

A Segunda Guerra Mundial foi seguida de uma renovação das plantações no âmbito do chamado "sector social". A partir deste período, existem registos precisos sobre variedades, rendimentos, idades das plantações e outros dados relacionados com a propriedade estatal. No entanto, os dados sobre as vinhas que são propriedade privada em termos de áreas totais, número de parcelas, cultivares, rendimentos e idades não existem ou são inexactos.

Num esforço para regular os registos de propriedade de uma forma moderna, a Bósnia e Herzegovina trabalhou no levantamento de terras a partir de 1953 e, com base nesse levantamento, estabeleceu o cadastro predial. No entanto, um cadastro fundiário moderno não significava a existência de registos de propriedade actualizados. Por conseguinte, já em 1968 se tinha pensado em como organizar e desenvolver registos adequados ao tempo e às capacidades técnicas.

Figura 50. Fragmentação das parcelas de vinha

Na sequência das iniciativas tomadas pela Comissão Económica das Nações Unidas em 1970 e 1973, e considerando os princípios e as possibilidades de criação de um cadastro imobiliário moderno, adoptaram uma abordagem ativa a esta questão. E foi precisamente com base nestes princípios que foram definidos os requisitos que o novo cadastro imobiliário deveria satisfazer. O desenvolvimento do cadastro vitícola da Federação da Bósnia e Herzegovina, a articulação de conceitos, ferramentas e métodos de aplicação foram efectuados com base nestes princípios.

Objetivo e elementos do cadastro

O objetivo é criar um cadastro vitícola enquanto base de dados numérica e cartográfica, utilizando ferramentas modernas, como um software de representação espacial das parcelas, para o qual é possível introduzir uma série de dados tabulares com a ajuda de ortofotos digitais do terreno, cartas topográficas, planos cadastrais, etc.

A parte numérica da base de dados do cadastro vitícola contém dados sobre:

> propriedade

> identificação da parcela cadastral

> estrutura das cultivares

> idade da plantação

> densidade de plantação

> rendimentos

> outros dados

A parte gráfica da base de dados do cadastro vitícola conterá dados sobre

> visão espacial das parcelas de vinha

> potenciais superfícies agrícolas para o desenvolvimento da viticultura

Bases para o desenvolvimento do cadastro

A base jurídica para o desenvolvimento do cadastro vitícola está contida no Código Vitivinícola da B&H, que define a manutenção de um cadastro das zonas vitícolas existentes e potenciais com terras ideais para a produção de vinho **no artigo 5.** Dado que a viticultura e a enologia ocupam um lugar importante na política agrícola comum da UE, este registo é necessário sobretudo para obter informações sobre os potenciais e as tendências da produção e para garantir o bom funcionamento do mercado comum. A elaboração do cadastro vitícola é uma condição prévia para a adesão à UE.

Para a elaboração do cadastro vitícola, são utilizados os seguintes elementos

1) Registo dos produtores de uvas e de vinho;

2) Mapas topográficos digitalizados na escala 1: 25.000;

3) Imagens ortofotográficas digitalizadas;

4) Plano cadastral digital;

A Bósnia e Herzegovina ainda não dispõe de um registo de produtores de uvas e de vinho. O Código do Vinho da Bósnia e Herzegovina prevê a criação do registo. e 15.º definem as obrigações de registo, bem como os dados que são introduzidos nessa ocasião. As pessoas singulares e colectivas que produzem e transformam uvas e vinho são inscritas no registo. A maior parte dos dados inscritos no registo consta igualmente do cadastro vitícola.

As cartas topográficas são representações cartográficas derivadas de um levantamento exato e completo das características topográficas. A Administração Geodésica digitalizou mapas topográficos num formato adequado para utilização em SIG. Estes mapas podem ser utilizados como base para a vectorização (marcação) de grandes áreas de vinha (mais de 1 ha). Outros dados como ortofotos e mapas cadastrais vectorizados devem ser utilizados para vinhas com menos de 1 ha, que são as mais comuns na nossa zona. Através das curvas de nível, as cartas topográficas permitem determinar as inclinações do terreno, bem como as altitudes. Consequentemente, podem ser utilizadas para desenhar modelos digitais do relevo, a partir dos quais podemos obter dados sobre exposição, declive, riscos de erosão, etc.

A ortofoto digital é uma imagem aérea do terreno, em formato digital (grelha), que é "ortorrectificada" utilizando métodos específicos. A ortorrectificação é um procedimento de processamento de fotografias que envolve a remoção de imprecisões geométricas causadas pela perspetiva, influência do relevo, lente da câmara, etc., bem como a eliminação de diferenças nas propriedades de brilho e cor de fotogramas individuais (imagens aéreas individuais). Em relação aos mapas topográficos, as ortofotos representam um nível de precisão mais elevado (figura 51) em termos de reconhecimento das parcelas. Graças a uma escala mais fina das ortofotos, é possível identificar visualmente as parcelas com vinhas plantadas. As parcelas são vectorizadas utilizando a ferramenta adequada (figura 51), após o que a área da parcela vectorizada é automaticamente apresentada. No entanto, ainda não sabemos nada sobre os pormenores das vinhas (propriedade, cultivar, idade, densidade de plantação, etc.). A base numérica é preenchida com os dados necessários para cada vinha visualizada (polígono) através da verificação no terreno (GPS) e da comparação com os dados cadastrais.

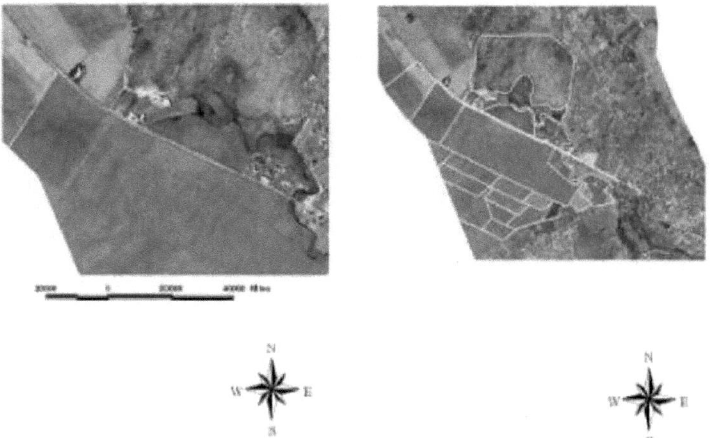

Figura 51. Imagem ortofotográfica e parcelas de vinha vectorizadas

O processo de digitalização dos planos cadastrais e a sua vectorização estão em curso. A Administração Geodésica tem à sua disposição uma parte destes planos. A correspondência dos planos cadastrais digitalizados e vectorizados com outras fontes gráficas (mapas topográficos e ortofotos) é a etapa final do processamento eletrónico de dados. Os planos cadastrais são a base da base de dados cartográfica e numérica (propriedade, culturas cadastrais, área, posição espacial, etc.). Ao comparar os dados cadastrais com os dados analíticos do processamento de imagens ortofotográficas, a situação será mais clara e exacta em termos do número real de vinhas. Nomeadamente, no cadastro, algumas áreas ainda são mantidas como culturas de vinhas cadastrais, embora no campo não o sejam, e vice-versa.

A base de dados contém dados pedológicos digitalizados num formato que pode ser utilizado em SIG. Para cada vinha identificada, potencial posição vitícola absoluta, bem como potencial terreno florestal para conversão em terreno vitícola, é possível apresentar parâmetros pedológicos básicos.

Desenvolvimento do cadastro

Os métodos utilizados no trabalho podem ser divididos em métodos informáticos e métodos de campo. Antes do trabalho de campo, são realizadas acções preparatórias utilizando o programa informático ArcGIS 9: criação de uma base de dados de acordo com a Tabela 21 e vectorização das imagens ortofotográficas georreferenciadas que serão utilizadas no trabalho de campo - investigação de campo. A cada parcela de vinha marcada é atribuído um número informático único que permite a sua identificação no terreno.

O inquérito de campo é a tarefa mais exigente na elaboração do cadastro vitícola, pois requer o contacto pessoal com cada proprietário de vinha. Uma condição prévia para tal é o preenchimento do cadastro, com base no qual será possível estabelecer contactos e fazer visitas de campo (nas vinhas). A ideia é envolver nesta parte do trabalho os funcionários municipais e distritais responsáveis pelos assuntos agrícolas, bem como um certo número de estudantes que visitariam as vinhas e recolheriam dados de acordo com um calendário pré-determinado.

A fragmentação das parcelas de vinha atrasa este trabalho. Por exemplo, no município de Citluk, em 770 hectares de vinhas, há um total de 3 400 parcelas, e apenas as vinhas da adega Citluk (antiga propriedade social) têm uma superfície superior a 2 hectares. Todas as outras parcelas têm menos de 1 ha. A figura 52 mostra pequenas parcelas privadas densamente compactadas, em oposição a algumas grandes plantações de vinhas.

Figura 52. Parcelas vitícolas no município de Citluk de acordo com as imagens ortofotográficas

Vinte e oito atributos tabulares estão registados na base de dados do cadastro vitícola:

Nome completo

174

1. AH Não

2. SIN

3. Número de identificação

4. Propriedade

5. Município

6. Município cadastral

7. Região vitícola

8. Sítio

9. Posição

10. Tabela

11 . número da parcela cadastral

12 . altitude

13 .Área em m^2

14 . exposição

15. declive

15 . tipo de solo

17. irrigação

18 . espaçamento entre fileiras em m

19 . espaçamento da videira numa linha em m

20 . ano de plantação

21 . idade em anos

22 .Layout em %

23 .Formulário de crescimento

24 .Altura da árvore

25 . cultivar

26 . número de videiras

27 . rendimento por videira

Depois de preencher a base de dados, os dados serão analisados em relação a cada informação individual, dependendo das opções de software. Um mapa apropriado mostra a ligação entre os dados espaciais e tabulares. Para cada parcela individualmente marcada na folha digital georreferenciada da imagem ortofotográfica, os dados correspondentes, recolhidos por investigação de campo, são introduzidos na tabela.

Resultados anteriores

O quadro 21 apresenta os resultados preliminares das investigações anteriores relativos às áreas de vinha e à dimensão média das parcelas.

Quadro 21. Situação da viticultura na Herzegovina de acordo com as imagens ortofotográficas

Municipality	Municipality area ha	Vineyards ha	Vineyards %	Average parcel area ha	Total number of parcels
Mostar	115.764	1073,57	0,52	0,50	2147
Trebinje[*]	85.963	300	0,35	0,18	1667
Posušje	44.759	3,53	0.04	0,05	66
Široki Brijeg	37.958	101	0,27	0,09	1177
Ravno	32.673	42,27	0.35	0,48	222
Ljubuški	29.798	372	1,25	0,18	2123
Stolac	29.176	328,55	0,51	0,18	1307
Čapljina	25.164	350	1,39	0,50	700
Neum	24.343	30	0,12	0,09	333
Grude	21.937	85,9	0,39	0,08	1063
Čitluk	17.863	770	4,31	0,23	3403
Total	**495.590**	**3.521,55**	**0,77**	**0,23**	**14.208**

*Dados do quadro de acordo com a avaliação.

Figura 53. Uma vinha média

Conclusão

Em termos de fontes de dados, o Cadastro Vitícola será constituído por

❖ numérico, e

❖ base de dados cartográfica.

A base de dados numérica basear-se-á nos dados do registo dos produtores de uvas e de vinho e conterá os dados do artigo 15º da lei sobre o vinho. Os gabinetes do governo federal nos condados e as autoridades competentes nos municípios manterão o registo, e a integração dos registos será realizada pela instituição autorizada para os assuntos da viticultura e da enologia.

A base de dados cartográfica basear-se-á em mapas topográficos, imagens ortofotográficas, planos cadastrais digitalizados e modelo digital do relevo. A base de dados a criar será organizada de forma a poder receber outras fontes (mapas), se necessário (por exemplo, dados sobre o clima, vegetação, etc.), e tem como objetivo principal ser exacta, renovável e aplicável.

Análise SWOT

Viktor Lasic

A análise SWOT é utilizada para determinar os factores que têm efeitos positivos ou negativos na seleção da estratégia de gestão. Na viticultura e na vinificação, a análise SWOT é o método analítico utilizado para identificar os factores externos e internos que podem influenciar a produção de uvas e de vinho e que são importantes para a criação de uma estratégia de produção adequada.

Figura 54. Do ponto de vista da ave

Pontos fortes

- Condições ambientais
- Tradição na cultura da vinha e na produção de vinho
- Área para expansão da produção vitivinícola
- Estrutura da produção vitivinícola
- Castas autóctones

Existem condições ambientais favoráveis para o cultivo de uvas em todas as seis regiões vitícolas da zona de B&H. Nas regiões vitícolas de Mostar e

Siroki Brijeg, existe uma tradição secular de cultivo de uvas e trabalhadores com experiência profissional na produção vitícola e vinícola. As outras quatro regiões vitivinícolas não têm tradição nem produção vitivinícola ativa significativa desde há muito tempo, mas com as condições ambientais favoráveis e o trabalho profissional existentes, essas zonas podem ser activadas e representam uma área significativa para a expansão da produção de uvas. A produção vitivinícola atual produz principalmente uvas para vinho, uvas de mesa em quantidades muito pequenas e a produção de uvas para secagem é quase inexistente. Os dados mostram que todos estes tipos de produção vitivinícola têm um potencial de expansão, porque existe um espaço de mercado no comércio interno, mas também uma possibilidade de exportação para países que não têm condições ambientais para a produção vitivinícola. A produção significativa de vinho e a presença de castas autóctones constituem uma oportunidade para estabelecer esta área como um país vitivinícola e a existência de produtos que são uma caraterística especial apenas desta região.

Pontos fracos

- Nível de desenvolvimento jurídico e institucional
- Solo
- Produção de material de plantação
- Meios para o estabelecimento de plantações plurianuais
- Subsídios (estímulos) à produção agrícola primária - Dados estatísticos

Em termos de produção vitivinícola, a B&H está insuficientemente desenvolvida do ponto de vista jurídico e institucional. As deficiências manifestam-se não só na presença ou ausência de legislação de qualidade, mas também na sua aplicação ou na adoção de regulamentos essenciais para a sua execução (Lei do Vinho). O zonamento da viticultura, documento fundamental de todos os países vitivinícolas, está desatualizado e ultrapassado em cada um dos seus segmentos, e está a tornar-se uma limitação ao desenvolvimento da produção vitivinícola. A fragmentação das áreas de produção vitivinícola (especialmente nas regiões vitícolas activas) é um ponto fraco, mas pode ser resolvido por medidas de política agrícola. A produção de material de plantação conforme às exigências sanitárias é insuficiente para uma expansão significativa da produção vitivinícola. A obrigação legal (ao abrigo da legislação aplicável) em matéria de produção de material de plantação isento de vírus consiste em testar a presença de um vírus, ao passo que todos os outros países vitivinícolas têm a obrigação de testar o material de plantação para detetar a presença de quatro vírus que podem causar danos significativos. Os fundos de crédito para o estabelecimento de plantações plurianuais têm taxas de juro elevadas e um período de carência reduzido, pelo que não são estimulantes para o desenvolvimento da viticultura. Gastamos recursos significativos (para as nossas circunstâncias) em incentivos à agricultura que não dão resultados adequados, e também ninguém os valoriza oficialmente. O método de recolha de dados estatísticos sobre a produção vitivinícola é inadequado e a quantidade desses dados é insuficiente para a tomada de decisões de qualidade.

Figura 55. Vinha depois do granizo

Oportunidades

- Solos agrícolas não cultivados
- Estrutura da produção vitivinícola
- Novos produtos à base de uvas e de vinho
- Promover a cultura do consumo de vinho e de produtos vitivinícolas
- Proximidade do mercado da UE

Permitir a utilização de terras agrícolas não cultivadas, através da concessão de um aluguer ou de uma concessão, é uma oportunidade para expandir a produção vitivinícola. A conversão, legalmente definida e administrativamente facilitada, de solo florestal ou cársico em solo agrícola é também uma oportunidade para a expansão da produção vitivinícola, porque esse solo é quase inutilizável para outras culturas agrícolas. Nessas áreas, já temos vinhas em Blizanci e Crnopod, que produzem colheitas de alta qualidade. O aumento da produção de uvas de mesa e a produção de uvas sem grainha representam uma oportunidade para a expansão da produção vitivinícola, porque há espaço para estes produtos no mercado interno, mas também na exportação, devido à proximidade do mercado da UE. A produção de sumos, sobremesas de uva e licores de vinho são também oportunidades de expansão da produção vitivinícola. A promoção da cultura do consumo de vinho e o tratamento do vinho como género alimentício (como na maioria dos países vitivinícolas) conduzirá a uma maior procura e a preços mais baixos do vinho.

Ameaças (limitações)

- Solo
- Quadro jurídico e nível de desenvolvimento institucional
- Produção de material de plantação
- Nível de organização dos viticultores e dos produtores de vinho
- Falta de coordenação entre a ciência e a produção
- Alterações climáticas globais

A fragmentação das superfícies agrícolas constitui uma limitação ao aumento da produção vitivinícola, porque todos os tipos de produção agrícola são mais caros em superfícies mais pequenas. A desvantagem das pequenas superfícies agrícolas na produção vitícola e vinícola é ainda mais acentuada do que noutros tipos de produção agrícola, devido à importância do local para a produção vinícola. O desenvolvimento jurídico e institucional deficiente do Estado tem um efeito desencorajador na decisão de empreender ou expandir a produção vitivinícola. A produção de materiais de plantação de castas autóctones é muito reduzida em termos de volume e de qualidade sanitária, pelo que constitui uma limitação à expansão da produção vitivinícola. Os produtos de castas autóctones permitem realçar as especificidades da região vitícola. Um bom nível de organização dos viticultores e dos produtores de vinho poderia diminuir os custos de produção e de comercialização e atenuar os efeitos negativos da fragmentação das zonas agrícolas. A baixa qualidade e a insuficiência dos dados estatísticos constituem uma base fraca para a tomada de decisões. O atual método administrativo de recolha de dados estatísticos não se revelou uma boa solução. A falta de coordenação entre a ciência e a produção dificulta e atrasa a aplicação de novas tecnologias na produção e na transformação, bem como a transferência de conhecimentos para os produtores.

Figura 56. Cores de outono

O estado atual da produção vitivinícola na B&H é bastante confuso, mas a maior parte das fraquezas e limitações são de natureza administrativa e podem ser resolvidas através de medidas de qualidade da política agrícola. Em primeiro lugar, é necessário redigir um novo documento fundamental de alta qualidade para a produção vitivinícola, que é o "Zoneamento da viticultura da B&H". Em seguida, é necessário desenvolver um quadro legislativo de alta qualidade, adoptando novas leis ou melhorando as já existentes, que incluem a "Lei do Vinho", a "Lei sobre o material de plantação e a introdução de cultivares", a "Lei sobre a produção ecológica", a "Lei sobre as águas", a "Lei sobre a herança de terras agrícolas" e a "Lei sobre o serviço de aconselhamento". É necessário desenvolver estatutos de acompanhamento de alta qualidade a partir das leis especificadas e fazer esforços para aplicar as leis. Da mesma forma, é necessário visar o desenvolvimento institucional através da criação de um serviço de aconselhamento, de uma agência de pagamentos na agricultura, de instituições de controlo da produção ecológica e de outras instituições resultantes de soluções legais. Seria necessário definir um método diferente de recolha de dados estatísticos da produção vitivinícola, que constitua uma melhor base para a tomada de decisões e soluções essenciais para este tipo de produção. Disponibilizar linhas de crédito para o estabelecimento de plantações plurianuais, uma vez que a produção agrícola primária não consegue fazer face às taxas de juro comerciais. Os fundos para incentivos na produção agrícola primária precisam de ser desembolsados, com maior controlo e monitorização dos efeitos desses fundos gastos, para cada produção agrícola. A integração das ciências agrárias e da produção deve ser institucionalizada na transferência de conhecimentos e novas tecnologias, visando a melhoria do processo produtivo. Uma melhor integração dos produtores com base em interesses comuns pode reduzir consideravelmente os custos de produção, os custos de aquisição de equipamentos e materiais e os custos de comercialização. Tudo isto contribuirá para a melhoria desta atividade económica e para o aumento da produtividade na produção de uvas e de vinho.

Figura 57. A experiência do passado como garantia para o futuro

Referências

Avramov, L. (1991): Vinogradarstvo. Nolit, Beograd, str. 407.

Republicki hidrometeoroloski zavod Banja Luka, (2010): Meteoroloski podaci za Banja Luku i Trebinje (1999-2008), ustupanje podataka po zahtjevu.

Republicki zavod za statistiku Republike Srpske (2009): Statisticki godisnjak Republike Srpske 2009. Banja Luka, 164-165.

Republicki zavod za statistiku Republike Srpske (2012): Statisticki godisnjak Republike Srpske 2012. Banja Luka, 190-191.

Srednjorocna strategija razvitka poljoprivrednog sektora u Federaciji Bosne i Hercegovine (2006-2010).

Strategija razvoja poljoprivrede Hercegovacko-neretvanske zupanije 2004-2010.

Strategija razvoja poljoprivrede Republike Srpske (2009 - 2015).

Vinski sektor u BiH , Priprema IPARD-ove analize sektora u Bosni i Hercegovini GCP/BIH/007/EC, Broj ugovora: 2010/256-560, Podregionalni ured za Centralnu i Istocnu Europu.

Zakon o vinu i rakiji. Sluzbeni glasnik Republike Srpske (2009), Banja Luka, broj 71, 7-13.

Zakon o sadnom materijalu. Sluzbeni glasnik Republike Srpske (2009), Banja Luka, broj 37,11-18.

(http://www.banjaluka.rs.ba): Opsti podaci o Banjoj Luci.

http://www.meteo-rs.com/: Klimatske karakteristike Republike Srpske.

CAPÍTULO 6

EVENTOS VITIVINÍCOLAS E ENOLÓGICOS

Rota dos Vinhos da Herzegovina

Marin Sivric

Tal como a maioria das zonas vitícolas do mundo, a Herzegovina tem a sua própria rota do vinho. Em poucas palavras, a Rota do Vinho da Herzegovina é um produto gastronómico e turístico que visa associar todos os valores da Herzegovina ao vinho e à cozinha autêntica, e o slogan da Rota do Vinho é: "Com o vinho através do tempo".

A ideia de uma rota do vinho na Herzegovina existe há décadas e as primeiras tentativas das chamadas *visitas guiadas ao vinho* na Herzegovina foram registadas na década de 1980, e podem ser consideradas como o início do enoturismo na Herzegovina. No âmbito do conglomerado Hepok, foi planeada a organização de visitas guiadas que ligariam as adegas de Mostar, Citluk, Ljubuski e Stolac, incluindo também uma visita às atracções naturais da Herzegovina. Em cada hotel, estava planeada a construção de uma taberna, na qual os hóspedes, enquanto provavam os vinhos da Herzegovina, poderiam obter um maço do famoso tabaco de corte fino da Herzegovina, "*skija*". De acordo com este projeto, as excursões vinícolas deveriam estar ligadas a destinos turísticos na Dalmácia. Infelizmente, esta ideia só foi concretizada vinte anos mais tarde.

Figura 58. Cascata Kravica

Do conceito ao produto turístico, o projeto da Rota do Vinho da Herzegovina foi implementado pelo Conselho de Turismo da Herzegovina e do Condado de Neretva e pela Associação de Viticultores e Enólogos da Herzegovina em 2006 e 2007. Realizaram-se muitas reuniões, seminários e workshops durante a execução do projeto. Os produtores de vinho da Herzegovina, os operadores turísticos e outros participantes no projeto lembram-se de visitas de estudo a várias regiões europeias onde o enoturismo está bem desenvolvido. Tudo isto acabou por resultar na conclusão bem sucedida do projeto. Atualmente, 32 adegas de toda a Herzegovina estão envolvidas no projeto da rota do vinho.

Os programas da Rota do Vinho da Herzegovina não se limitam apenas à venda e promoção de vinhos e outros produtos agrícolas que os membros da rota do vinho oferecem nas suas próprias propriedades agrícolas, mas incluem também outras atracções da Herzegovina. A Herzegovina oferece muitos sítios históricos, como a Cidade Velha de Mostar, Pocitelj, Blagaj, Mogorjelo, Radimlja, a fortaleza de Ljubuski e mosteiros medievais. As atracções naturais da Herzegovina, como a nascente de Buna, o desfiladeiro de Neretva, as cascatas de Kravica, Hutovo Blato, o campo de Popovo e muitos outros, também fazem parte deste programa. Os museus herzegovinos guardam tesouros e relíquias escavadas da história antiga. É exatamente por isso que a Herzegovina oferece a cada hóspede um "passeio" através do espaço e do tempo. Mostar é a sua capital e, juntamente com Medjugorje - o centro de peregrinação, a estância de verão de Neum e outras atracções, representa uma das regiões mais desejáveis do sudeste da Europa.

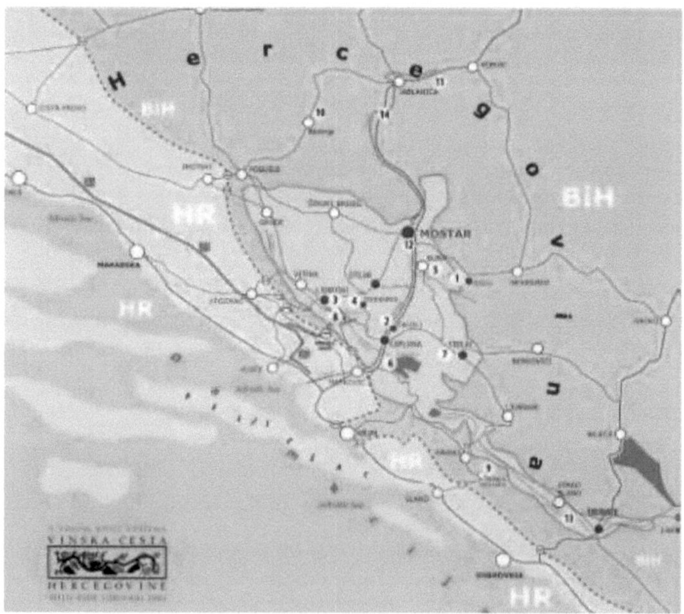

Figura 59. Rota dos vinhos da Herzegovina

Destinos da Rota do Vinho 1 - 14

Ao selecionar a área do projeto, a Rota do Vinho da Herzegovina teve em conta a área de cultivo da uva e a possível ligação com destinos turísticos na vizinhança imediata. Assim, o mapa da Rota do Vinho da Herzegovina estende-se pelos municípios de Mostar, Citluk, Ljubuski, Capljina, Stolac e Trebinje, ou seja, por enquanto abrange apenas a área de cultivo de Zilavka e Blatina, com vista a expandir-se para outras áreas da Herzegovina.

Para além das adegas que têm feito parte da cultura e do estilo de vida da Herzegovina, onde é possível saber diretamente dos produtores tudo sobre os segredos da produção da bebida mais saudável e higiénica do mundo, a Rota do Vinho oferece uma série de outros programas. O programa da Rota do Vinho é combinado com vários eventos vitivinícolas e enológicos realizados na Herzegovina. Os restaurantes com especialidades culinárias da Herzegovina são parte integrante do programa da Rota do Vinho. Em suma, a "Rota do Vinho da Herzegovina" é uma coleção de dados publicamente disponíveis sobre destinos ou pontos interessantes para o consumidor ou visitante.

Para visitar a Rota do Vinho da Herzegovina, não são necessárias férias, uma semana ou duas. Em vez disso, um fim de semana livre, alguns dias de folga ou mesmo um dia serão suficientes para os hóspedes fazerem uma viagem ou uma visita à Herzegovina e desfrutarem do Mediterrâneo bósnio e herzegoviniano. A Rota do Vinho da Herzegovina é apresentada numa brochura com imagens e no sítio Web da rota do vinho (www.vinskacesta.ba). Os destinos ao longo da rota do vinho devem ser visitados a fim de experimentar a Herzegovina como ela realmente é, e é como Zilavka; iluminada pelo sol, banhada pelo verde Neretva e encostada ao mar azul, e como tal é uma das pérolas do Mediterrâneo.

Figura 60. Mosteiro Zitomislic (século XVI) rodeado de vinhas

As visitas à Rota do Vinho da Herzegovina podem ser organizadas de duas formas: independentemente ou através de agências de viagens. Ambas têm algumas especificidades. Se a visita for organizada de forma independente, a melhor maneira de o fazer é visitando a Herzegovina

O sítio Web da Rota do Vinho, onde podem ser encontrados todos os elementos oferecidos e os hóspedes podem organizar a sua viagem por si próprios. A outra forma é indireta, em que as agências de viagens oferecem várias ofertas de pacotes da Rota do Vinho da Herzegovina, cabendo aos hóspedes escolher uma das opções ou, de acordo com a agência, formar o acordo pretendido. Seja qual for a sua escolha, uma coisa é certa. Do ponto de vista dos vinhos, das atracções naturais e das antiguidades, cada visitante achará a Herzegovina interessante e atractiva, o que lhe proporcionará uma experiência turística requintada que levará consigo e partilhará com amigos e conhecidos no regresso. Os visitantes aperceber-se-ão de que o slogan "Com o vinho através do tempo" foi escolhido por uma razão e que este é o produto turístico regional mais completo.

Dias de vindima de Brotnjo

Marin Sivric

Brotnjo, a região vinícola mais generosa da Bósnia e Herzegovina, é o nome da paróquia medieval cujo território coincide principalmente com os limites actuais do município de Citluk. Graças às condições dadas por Deus e à diligência dos seus habitantes, é reconhecida pelos melhores vinhos de Zilavka e Blatina. Como disse um conhecido jornalista, um vinho que "poderia estar em qualquer palácio imperial ou presidencial". O primeiro registo escrito do vinho de Brotnjo data de 1353 e diz que o rei bósnio Tvrtko, vindo para pacificar a inquieta nobreza humilde, "de boa fé" bebeu um jarro de bom vinho em Prozracac, em Brotnjo.

A vindima em Brotnjo é o momento de colher o fruto de um esforço de um ano inteiro e sempre foi acompanhada de cânticos e de alegria, que são os fundamentos do evento denominado "Dias da Vindima de Brotnjo". Trata-se do acontecimento cultural mais importante do ano para os habitantes do município de Citluk. Trata-se da manifestação vitivinícola e enológica com a mais longa tradição na Bósnia e Herzegovina e uma das mais antigas nesta parte da Europa.

Realiza-se regularmente desde 1956.

Figura 61. Dias de colheita da uva

O evento tem o seu próprio estatuto que define a data e a duração da celebração, pelo que as "Jornadas das Vindimas" se realizam em setembro, mais concretamente na primeira semana após o feriado da igreja "Exaltação da Santa Cruz" (8 de setembro) e duram três dias.

A Comissão Organizadora é ampla e é constituída pelo Presidente do Conselho Municipal, pelo Presidente da Câmara, pelo diretor do Centro Cultural e de Informação, pelo presidente da Sociedade Cultural e Editorial da Croácia Central, pelo representante da Associação de Viticultores e

Vinicultores, pelo representante do Conselho de Turismo e, se necessário, por todos aqueles que possam dar o seu contributo para a organização do evento.

Os objectivos do evento são:

-Encontro, que reúne e reforça a unidade dos habitantes de Brotnjo e dos seus convidados,

-preservar o património nacional através da apresentação da criatividade popular original,

-fomentar e difundir o amadorismo na cultura,

-incentivar o reforço da criatividade cultural e desportiva,

-promover e desenvolver atracções turísticas,

-Incentivar o desenvolvimento da agricultura (viticultura e enologia)

-Incentivar o desenvolvimento da economia na área do município e a sua maior integração regional

Figura 62. Exposição de uvas em 1956

Nos primeiros anos, o evento tinha um carácter local e tendia a apresentar e demonstrar as realizações dos habitantes de Brotnjo em todos os domínios de atividade no ano anterior, especialmente na produção de uvas. O evento foi atualizado em termos de programa e organização na década de 1980. As actuações de estrelas pop da época despertaram um interesse especial nos visitantes, e muitos residentes de Brotnjo e visitantes do evento guardam na memória actuações de cantores amadores de Brotnjo.

A espinha dorsal do evento tem sido sempre os produtores de vinho de Brotnjo com os seus vinhos, que proporcionam aos visitantes do evento uma oportunidade de provar este fruto da vinha, enquanto os produtores de vinho, por sua vez, estão preparados para receber críticas, boas e más, para que o vinho seja ainda melhor nos próximos "dias de vindima". O município de Citluk tem cerca de vinte adegas modernas, o que representa mais de um terço de todas as adegas registadas na Bósnia e Herzegovina.

Figura 63. Celebração dos dias de vindima

A apresentação de clubes culturais é uma parte essencial do evento e o seu desfile pelas ruas de Citluk e as suas actuações dão ao evento as características de um espetáculo. A apresentação de livros, as exposições de pintura, os concursos desportivos, as conferências de peritos no domínio da viticultura e da vinificação fazem apenas parte do programa desta manifestação. Nos últimos anos, a comissão organizadora do evento imprime uma publicação de carácter educativo e promocional que é também uma boa recordação para as gerações futuras. As Jornadas das Vindimas são um evento que há muito ultrapassou o seu enquadramento local e que, desde há muitos anos, é um acontecimento regional e internacional.

Novas tradições vinícolas
Jure Beljo

A tradição da bênção e da prova do vinho novo existe em diferentes regiões, realiza-se em alturas diferentes e quase sempre de uma forma específica. Na maioria das zonas vitícolas da Herzegovina, os barris não eram fechados após o enchimento com mosto até ao Dia de Todos os Santos ou Dia de Todas as Almas, 2 de novembro. Nessa altura, o vinho novo era provado e os barris fechados, porque se acreditava que nessa altura o mosto estaria completamente fermentado e transformado em vinho. Para os pequenos viticultores, tratava-se de um ritual especial e de uma verdadeira festa. Os vizinhos e amigos deslocavam-se habitualmente de uma adega para outra, provando o vinho com presunto ou outras especialidades da Herzegovina.

Mas a tradição está a mudar sob o impacto da tecnologia moderna. Há cada vez mais grandes produtores de vinho e a importância das pequenas adegas das aldeias está a perder-se cada vez mais. Os modernos recipientes para vinho em aço inoxidável são cada vez mais utilizados nas aldeias, em quase todas as adegas, e os barris de madeira vão desaparecendo gradualmente. A velha tradição de provar vinho novo no Dia de Todos os Santos também está a desaparecer. Ainda assim, alguns produtores de vinho e associações têm tido o cuidado de manter este belo e antigo costume e transformaram a antiga prova tradicional de vinho novo num evento e numa experiência especiais. É sobre os alicerces de costumes e tradições antigos que se está a formar uma nova tradição. Na Herzegovina, existem atualmente três eventos que substituem o antigo costume da prova de vinho novo e que evoluem gradualmente para a tradição. Trata-se da Prova de Vinho Novo em Citluk, da Festa de São Martinho e da Festa de Santo André.

Prova de vinho novo

O evento "Prova de vinho novo" é organizado em Citluk há mais de quinze anos. O evento realiza-se a 3 de novembro de cada ano, a fim de manter a memória do costume secular de Brotnjo. Inicialmente, o organizador deste evento era a adega de Citluk e, mais tarde, é organizado em cooperação com a Sociedade Cultural e Editorial da Croácia Central, o Conselho de Turismo e o governo municipal de Citluk. Em alguns anos, a organização do evento é também patrocinada por outras instituições. Por exemplo, a assistência técnica é ocasionalmente fornecida pela Agência de Desenvolvimento Regional para a Herzegovina (REDAH) e, num ano, foi dado apoio pela Agência Japonesa de Cooperação Internacional (JICA) com a participação do embaixador japonês na Bósnia e Herzegovina.

A Prova de Vinho Novo tornou-se um evento económico, cultural e turístico único, reconhecido em toda a Bósnia e Herzegovina, mas também para além das fronteiras da Bósnia e Herzegovina. Este evento tornou-se um verdadeiro festival do vinho porque durante o evento da Prova de Vinho Novo são organizadas várias atracções para os convidados, desde música a poesia, folclore e afins, e a prova de vinhos é acompanhada pelas populares especialidades culinárias de Brotnjo. Esta é uma oportunidade para a adega de Citluk e algumas outras adegas de Brotnjo, ao mesmo tempo que convivem com os seus parceiros comerciais, promoverem os seus produtos, principalmente a qualidade superior dos vinhos originais da Herzegovina, Zilavka e Blatina, bem como outros produtos que são cada vez mais numerosos. Todas estas são as razões pelas quais todos os anos numerosos parceiros comerciais e outros convidados visitam de bom grado este evento já tradicional.

Figura 64. Uma abertura simbólica do barril

Festa de São Martinho

O Norte da Croácia e a Eslovénia, no dia de S. Martinho, 11 de novembro, apreciam o costume popular tradicional da conversão simbólica do mosto em vinho novo ("batismo do vinho"). novembro, o costume popular tradicional da conversão simbólica do mosto em vinho novo ("batismo de vinho"). **São Martinho** (Szombathely, Hungria, 316/317 - Tours, França, 11 de novembro de 397) - santo católico, bispo da cidade de Tours. O pai deste santo era um oficial romano. Deu ao filho o nome de Martinho, em homenagem a Marte, o deus romano da guerra, esperando que o filho seguisse uma carreira militar. Mas Martinho converteu-se à fé cristã e tornou-se um cristão e monge exemplar, tendo sido mais tarde eleito bispo. É o protetor da França, dos viticultores, dos viticultores, dos soldados, dos cavaleiros, dos alcoólicos recuperados, dos criadores de cavalos e de gansos. Gostava e promovia o bom vinho. Diz a lenda que São Martinho introduziu a cerimónia do batismo do mosto, até então proibida, por ser considerada uma festa pagã. A festa de São Martinho foi sempre um acontecimento importante para todos os viticultores e produtores de vinho, bem como para todos os apreciadores de bom vinho, pois, segundo a tradição popular, é no dia de São Martinho que o mosto se transforma em vinho. O costume da festa de São Martinho é muito apreciado nas regiões do noroeste da Croácia e na Eslavónia, ao passo que o batismo do mosto na Dalmácia e na Herzegovina é mais recente. Seguindo o exemplo de algumas regiões da Croácia, este costume foi introduzido na Herzegovina nos últimos anos. Atualmente, a adega Zadro, em Domanovici, e a adega Stolac são as pioneiras. A adega Zadro começou a assinalar este evento há dez anos, sendo a primeira na Herzegovina, o que já se tornou tradição nesta adega. Nestas adegas, no dia de S. Martinho, acompanhado de um "batismo de mosto" simbólico, os parceiros comerciais, os viticultores e os amigos do bom vinho socializam, apreciam os frutos das vinhas da Herzegovina e negoceiam novos negócios.

Figura 65. Paoca

Festa de Santo André

A Festa de Santo André é provavelmente o evento vinícola mais conhecido na Herzegovina, que ganhou um estatuto de culto, tal como a Festa de São Martinho da Herzegovina, e realiza-se na adega da família Coric, na aldeia de Paoca, no município de Citluk. Paoca é uma aldeia pitoresca no Brotnjo vitícola e, segundo as fontes históricas, foi mencionada pela primeira vez em 1432. A viticultura em Paoca tem uma longa tradição, e o famoso franciscano e cronista da Herzegovina do século XIX, o Padre Petar Bakula, escreveu no hematismo das paróquias de 1867 que Paoca se caracterizava pela "produção de excelente vinho". Paoca é o local de nascimento de outro franciscano famoso, o Padre Didak Buntic, que foi honrado como educador, tribuno nacional e grande humanista por toda a Herzegovina.

A família Coric dedica-se à viticultura há mais de 350 anos. Gerações de Coric dominaram as competências e os conhecimentos em viticultura, enologia e preparação de excelentes vinhos. Para coroar estas experiências e tradições, foi construída em 1994 uma adega moderna com uma capacidade de 5 000 hl. O fundador da adega foi Andrija Coric, pai dos actuais proprietários, e a adega foi baptizada com o seu nome, "Podrumi Andrija". Atualmente, a Podrumi Andrija é uma das maiores e certamente uma das mais bem sucedidas adegas da Herzegovina, com uma gama diversificada de produtos, desde os vinhos de qualidade superior Zilavka e Blatina, licores, aguardente com sabor a ervas até ao "vinho quente" destinado às estâncias de esqui. A adega exporta um terço da sua produção para mercados de dez países europeus e uma prova da qualidade dos produtos desta adega é o facto de a famosa associação de vinhos "Wine Professional Amsterdam gastronomy" dos Países Baixos ter incluído o vinho Zilavka Andrija (colheita de 2009) no catálogo mundial de vinhos vendidos em 2012.

Para recordar a memória do fundador da adega e excelente enólogo, os seus sucessores criaram o evento especial em 2007 e deram-lhe o nome de Andrinje - Festa de Santo André. De facto, este evento é uma continuação do encontro na antiga adega que foi organizado na mesma altura pelo seu proprietário. Uma vez que a festa de Santo André é a 30 de novembro, a festa de Santo André realiza-se no último fim de semana de novembro de cada ano, sob o lema "sempre com sede, nunca bêbado". Depois de um pároco local ter abençoado o vinho novo, as vinhas e as adegas, começa a "festa" do vinho. A Festa de Santo André é conhecida por reunir várias centenas de convidados, desde empreiteiros de adegas, parceiros de negócios, a muitos dignitários da vida económica, jurídica, cultural e religiosa do município de Citluk, de outras áreas da Bósnia-Herzegovina e para além das fronteiras da Bósnia-Herzegovina. Enquanto se divertem juntos, as pessoas provam produtos de alta qualidade de Podrumi Andrija e provam especialidades locais.

Figura 66. Bênção de vinho fresco

Atualmente, a festa de Santo André é uma tradição familiar única de degustação de vinho novo como parte da tradição, cultura e costumes da Herzegovina vitícola e vinícola. É aí que os convidados de diferentes zonas e classes sociais são presenteados com os frutos do terroir herzegoviniano, a cultura de vida da população local e as tradições seculares da região vitivinícola de Brotnjo. Por conseguinte, é perfeitamente natural que o Conselho de Turismo da Federação da Bósnia e Herzegovina tenha incluído a festa de Santo André no calendário dos principais eventos turísticos da Bósnia e Herzegovina

Eventos na República da Sérvia

Jure Beljo, Tatjana Jovanovic - Cvetkovic

Na República da Srpska, realizam-se três eventos tradicionais no domínio da viticultura e do vinho, dois dos quais na Herzegovina e um em Banja Luka. O primeiro evento é o **início da poda das vinhas** no dia de São Trifão. Trata-se de um costume popular tradicional nas zonas vitícolas ortodoxas. São Trifão é um santo cristão que viveu no século III e que, segundo a crença popular, é o protetor dos viticultores, dos produtores de vinho e dos estalajadeiros, à semelhança de São Martinho nas zonas católicas. O dia de São Trifão é assinalado a 14 de fevereiro no calendário ortodoxo e a 1 de fevereiro no calendário católico. Nesse dia, as videiras são simbolicamente cortadas e, ao partir o pão, são aspergidas com o vinho do ano anterior. Acredita-se que a vinha recuperará assim a sua força após uma longa estagnação invernal e que as videiras prosperarão na primavera. A poda simbólica das vinhas é geralmente acompanhada de uma festa popular e de um convívio entre os viticultores, regado com vinho e especialidades locais.

Dias do vinho em Trebinje

Trata-se de um evento preparado pelos viticultores da Herzegovina Oriental e organizado pela Associação de Viticultores e Enólogos da Herzegovina Oriental

"Vinos" de Trebinje. A região de Trebinje tem uma tradição de viticultura desde tempos antigos. Perto de Trebinje, existia uma villa rústica romana que tinha uma vinha e uma adega, entre outras coisas. Algumas caves de mosteiros desta zona são referidas na Idade Média. É por isso que este evento é uma continuação da tradição secular de adegas bem sucedidas e de produção de vinho na região de Trebinje. O evento "Trebinje Wine Days" foi criado em 2007 para a apresentação dos produtos dos produtores de vinho da Herzegovina Oriental e tem por objetivo promover a viticultura e a vinificação como uma atividade económica importante nesta parte da República da Srpska. O patrocinador deste evento é o Governo da República da Srpska, o que é indicativo da importância que as autoridades atribuem ao desenvolvimento da viticultura e da vinificação. De ano para ano, este evento é visitado por um número crescente de visitantes do país e do estrangeiro, e estão a ser concluídos negócios bem sucedidos sobre vinho e especialidades locais.

Figura 67. Três gerações da família Vukoje durante a poda das vinhas em St.

Dia do Trifão

Banja luka Dias do Vinho

Desde 2002, os **Dias do Vinho** são organizados em Banja Luka. O evento é organizado pelo Rotary Club de Banja Luka e pela Associação de Viticultores e Enólogos da região de Banja Luka, e todos os anos conta com o apoio do mais conhecido produtor de vinho da República de Spska, Podrum Vukoja. O objetivo deste evento é apoiar o desenvolvimento da viticultura e da enologia na região de Banja Luka. A viticultura foi desenvolvida nesta área no passado, mas as vinhas desapareceram quase completamente no século XX. Mas o renascimento desta cultura começou nos últimos quinze anos e, ano após ano, a área de vinhas tem vindo a aumentar. Nos Dias do Vinho, os produtores de vinho da região de Banja Luka apresentam os seus produtos, os convidados e os peritos visitam as melhores vinhas e adegas. No âmbito do evento, são organizadas palestras profissionais e são atribuídos prémios aos melhores vinhos e às melhores vinhas de produção jovem, a fim de estimular a produção de uvas e de vinhos de qualidade. O evento de homenagem ao vinho termina com o Baile do Vinho.

Figura 68. Dias de ventos em Banja Luka

Dia do Vinho Laktasi

O outro evento vinícola na região do norte da Bósnia é o **"Dia do Vinho"** em Laktasi, lançado em 2003. O objetivo do evento era a promoção e o reconhecimento da produção de uvas e de vinho nesta região. O evento tem um carácter profissional, mas é acompanhado de numerosas atracções culturais, lúdicas e artísticas. A prova de vinhos produzidos no município de Laktasi é organizada durante o evento. Em 2014, foram registadas 40 amostras de vinho para avaliação, o que indica um rápido desenvolvimento da viticultura e da vinificação nesta zona, onde até há pouco tempo não existia qualquer vinha.

Figura 69. Avaliação do vinho em Laktasi

Antes da Segunda Guerra Mundial, quando a cultura da uva estava relativamente desenvolvida na região de Banja Luka, realizava-se na altura da vindima a festa popular chamada "**Vindima**". O evento realizava-se à luz de lanternas na cantina perto da serração, não muito longe de Banja Luka. O evento foi visitado por residentes de Banja Luka e das povoações vizinhas, e a multidão divertiu-se enquanto bebia mosto novo. Uma vez que a videira desapareceu da região durante a guerra e nos primeiros anos do pós-guerra, este evento popular entre os habitantes de Banja Luka também desapareceu.

ASSOCIAÇÕES DE VITICULTURA E DE VINHOS

Jure Beljo

Início das associações de viticultores

Na segunda metade do século XIX, o movimento cooperativo surgiu como resposta à ordem económica e social formada pelo capitalismo liberal e ganancioso. O princípio fundamental dos movimentos cooperativos era preservar a propriedade privada, mas impedir os lucros provenientes de rendas e interesses. O seu objetivo era ensinar as pessoas a gerir a propriedade comum no seu próprio interesse; em vez de competirem e lutarem entre si, estabelecer princípios de apoio mútuo e solidariedade. Uma cooperativa protege efetivamente o agricultor num ambiente capitalista liberal. Pode dizer-se que o sistema de cooperativas agrícolas se baseia nos princípios em que as casas comunais ou as famílias viveram e trabalharam durante séculos e, como afirma o famoso economista francês Charles Gide, "o sistema cooperativo vem da alma das próprias pessoas".

As primeiras cooperativas de agricultores na Herzegovina foram criadas no início do século XX, quer como cooperativas de tipo geral, quer como cooperativas de crédito. As cooperativas especializadas, incluindo as de viticultores e vinicultores, surgiram um pouco mais tarde. A criação de cooperativas de viticultores e de vinicultores resultou da necessidade de os viticultores protegerem a sua produção e obterem um preço adequado pelas suas uvas. Na qualidade de pequenos produtores, os viticultores da Herzegovina não dispunham de capacidade suficiente de armazenamento, pelo que vendiam geralmente as uvas a grandes produtores ou comerciantes de vinho. Estes últimos faziam frequentemente chantagem, pelo que os viticultores ficavam à mercê dos grandes produtores e comerciantes de vinho. A associação dos viticultores não era do agrado dos comerciantes de vinho e dos viticultores, porque estes estavam a perder o seu monopólio, pelo que faziam tudo para impedir a formação de cooperativas.

Ascensão e declínio do movimento cooperativo

A primeira forma registada de associação de viticultores foi a Sociedade Anónima de Viticultores de Trebinje, fundada em 1909. De acordo com os estatutos da empresa, esta foi criada com o objetivo de assegurar melhores preços para as uvas e melhorar a viticultura. Todas as cooperativas estabelecidas na Herzegovina nessa altura tinham uma marca nacional, eram muçulmanas, sérvias ou croatas. A Sociedade Anónima de Viticultores foi a primeira associação agrícola em que os membros da direção e do conselho fiscal, e mais tarde também os accionistas, provinham das três nações. A empresa baseava-se em verdadeiros princípios cooperativos. Os seus membros eram os proprietários, recebiam um adiantamento pelas uvas compradas e o pagamento total, bem como a distribuição dos lucros, eram efectuados após a venda do vinho. Por exemplo, em 1910, ou seja, no primeiro ano após a sua criação, o lucro ascendeu a 8.380 coroas. A empresa tinha a sua própria adega e planeava construir novas adegas com os lucros.

A segunda associação de viticultores e produtores de vinho foi a Primeira Cooperativa Vinícola da Herzegovina, criada em Mostar em 1911. Nessa altura, quase todas as grandes adegas e comerciantes de vinho se encontravam em Mostar e eram todos contra a criação de uma cooperativa de viticultura ou de vinificação em Mostar. No entanto, a cooperativa foi criada e dedicava-se ao comércio grossista de vinho em nome dos seus membros.

Durante a Primeira Guerra Mundial, a viticultura e a produção de vinho estagnaram e a atividade das cooperativas também. Embora estas duas cooperativas tenham estado registadas até ao final da Primeira Guerra Mundial, a sua atividade foi reduzida ao mínimo e, após a formação do novo Estado em 1918, interromperam o seu funcionamento. No entanto, após a guerra, foram feitos novos esforços para restaurar a viticultura e as associações de viticultores. Com o objetivo de melhorar a viticultura no novo Estado, o Reino da Jugoslávia, foi fundada em Belgrado a principal associação de viticultores jugoslavos. Para que a associação funcionasse com êxito a nível nacional, foi dividida em associações regionais. A Associação de Viticultores da Herzegovina foi criada na Herzegovina no início de 1921. Nos primeiros anos do pós-guerra, a filoxera destruiu uma parte considerável das vinhas da Herzegovina, enquanto a crise económica em todo o país provocou também uma crise do vinho. Por conseguinte, desta vez, os produtores e comerciantes de vinho envolveram-se ativamente na criação e funcionamento da Associação. Os produtores de vinho mais conhecidos de Mostar, Ljubuski, Stolac e Trebinje faziam parte do Conselho de Administração da Associação.

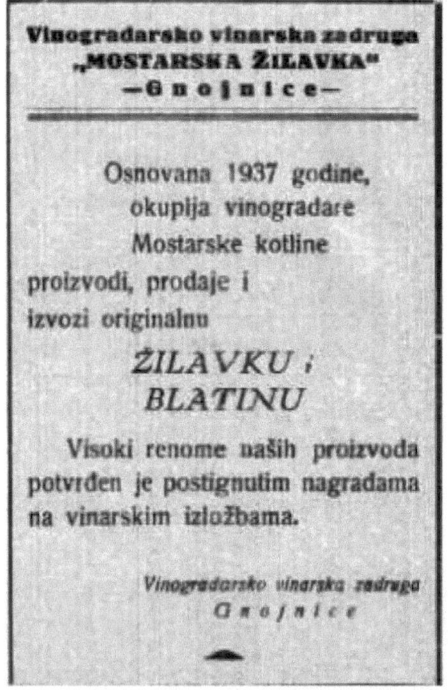

Figura 70. Anúncio da Cooperativa Gnojnice, 1955

A Associação tinha um vasto campo de ação. Apresentava petições e fornecia pareceres de peritos para a adoção ou alteração de leis que servissem os interesses da viticultura e da vinicultura locais. A Associação estava encarregada de melhorar a viticultura e a enologia, participar no controlo do comércio vinícola em cooperação com as empresas agrícolas e económicas existentes, bem como com as associações de cooperativas agrícolas ou de camponeses. A Associação devia incentivar a criação de cooperativas de viticultura e vinificação e podia também convocar congressos de peritos, organizar espectáculos e feiras de vinhos. Mas o trabalho da associação não foi particularmente bem sucedido devido aos diferentes interesses dos viticultores e dos produtores de vinho. Em 1922, foi criada uma cooperativa vitivinícola em Citluk, a mais importante zona vitivinícola da Herzegovina, mas funcionou apenas durante três anos, após o que foi encerrada, porque a sua adega não conseguia resistir à concorrência dos grandes produtores de Mostar.

A cooperativa vitivinícola mais conhecida foi a fundada em Gnojnice em 1937. Foi criada pela Cooperativa de Horticultura e Fruticultura de Mostar. A Cooperativa de Horticultura e Fruticultura foi fundada em 1930 e foi muito bem sucedida na compra e venda de legumes, frutas e uvas em nome dos seus membros. Mas aperceberam-se de que obteriam muito melhores resultados comerciais se transformassem as uvas e vendessem o vinho por si próprios. Assim, em 1935, fundaram uma secção de viticultura, compraram uma adega e equipamento e começaram a transformar as uvas dos seus membros. Em apenas um ano, conseguiram obter para as uvas dos seus produtores um preço duas vezes superior ao que tinham recebido de outros viticultores. Além disso, a associação adquiriu materiais de produção a preços mais baixos e taxas de juro mais baixas para os membros. Depois disso, o número de viticultores aumentou de tal forma que a secção de viticultura foi registada em 1937 como uma cooperativa vitivinícola independente, com sede na aldeia de Gnojnice, a sul de Mostar. Na sua adega, a cooperativa produzia apenas vinhos de alta qualidade, Zilavka e Blatina, tendo recebido numerosos prémios pelos seus vinhos e exportado vinho para a Áustria, Checoslováquia e alguns outros países. A cooperativa tinha a sua própria vinha e duas caves com uma capacidade total de 5.000 hl. Após a Segunda Guerra Mundial, a cooperativa continuou a funcionar, mas, tal como todas as outras empresas da Jugoslávia socialista, foi registada como empresa pública e só formalmente era propriedade dos seus membros. Mas continuou a dedicar-se à compra de uvas aos produtores, à produção e à venda de vinho. Seguindo o exemplo das adegas desta cooperativa vitivinícola, foram criadas outras cinco adegas cooperativas na Herzegovina no início da década de 1950. No entanto, estas adegas faziam parte de cooperativas agrícolas de tipo geral, que, entre outras actividades, se dedicavam à viticultura, à produção e compra de uvas e à produção e venda de vinho. A cooperativa vitivinícola de Gnojnice teve muito êxito até ao final dos anos cinquenta, altura em que foi construída a adega de Mostar. Depois disso, a cooperativa deixou de trabalhar de forma independente e até a adega de Gnojnice deixou de funcionar. Do mesmo modo, com a construção de grandes adegas estatais em Mostar, Citluk, Ljubuski, Stolac e Domanovici no final dos anos cinquenta e início dos anos sessenta, todas as adegas cooperativas deixaram de funcionar.

Num sistema socialista, como era o da antiga Jugoslávia, não era possível criar cooperativas privadas, pelo que também não existiam cooperativas privadas no domínio da viticultura e da enologia. Uma vez que não dispunham de uvas suficientes para preencher as capacidades, as grandes adegas compravam uvas às cooperativas agrícolas e aos produtores. Mas tratava-se de uma pura relação de venda. Os viticultores recebiam dinheiro pelas suas uvas e depois a adega não tinha quaisquer obrigações para com eles. Só após a abolição das relações sociais socialistas, no início dos anos noventa, é que se reuniram as condições para que os viticultores se juntassem em associações especializadas que deveriam proteger os seus interesses.

Nível atual de associação

Na Federação da Bósnia e Herzegovina, foram criadas duas destas associações, **a Associação de Viticultores e Enólogos da Herzegovina**, com sede em Citluk, e **a Associação de Viticultores e Enólogos da** Bósnia e **Herzegovina, com sede** em Bósnia e Herzegovina.

Produtores de vinho do sul da Herzegovina. Ambas são organizações sem fins lucrativos e não governamentais.

A Associação dos Viticultores e Enólogos da Herzegovina foi criada em 2001 com o objetivo de revitalizar a viticultura e a enologia da Bósnia e Herzegovina. Para além deste objetivo principal, a Associação tem outras tarefas, nomeadamente incentivar o desenvolvimento da produção de viveiros; associar-se ou ligar-se a associações idênticas ou similares; organizar apresentações conjuntas com os organismos competentes da administração pública, a fim de proteger os vinhos da Herzegovina e os controlos regulares no comércio de vinhos; propor alterações aos regulamentos que possam afetar a produção de materiais de plantação, bem como a qualidade das uvas e as vendas de vinho; organizar assistência profissional e outra na produção de uvas e vinho; incentivar a investigação científica; organizar apresentações conjuntas em mostras e feiras regionais e internacionais de vinhos; desenvolver o marketing da uva e do vinho (publicações, catálogos, apresentações, etc.).). Através das suas actividades, a Associação procura promover a Bósnia e Herzegovina como país vitivinícola e de produção de vinho e criar a imagem das variedades autóctones da Herzegovina, especialmente Zilavka e Blatina, como marcas bósnias e herzegovinianas que podem rivalizar com as variedades de vinho mais conhecidas no mercado, no ambiente imediato e distante. A adesão à associação é voluntária e conta atualmente com 30 membros. Para além dos membros de Citluk, onde a Associação está sediada, os seus membros provêm de quase todos os municípios da Federação da Bósnia e Herzegovina, onde a vinificação é um dos ramos da agricultura.

A Associação de Viticultores e Enólogos do Sul da Herzegovina foi criada em 2007 e está sediada em Stolac. Esta associação abrange a área dos municípios de Stolac e Capljina e conta atualmente com sete membros. Os membros desta associação incluem principalmente as adegas da área destes dois municípios, mas também a cooperativa vinícola de Daorson. As tarefas e os objectivos desta associação são os mesmos que os da Associação de Viticultores e Enólogos da Herzegovina, e as duas associações cooperam entre si em todas as questões relevantes para a viticultura e a enologia, tanto na Federação como no Estado da Bósnia e Herzegovina.

Existem três associações na República da Srpska: a Associação de Viticultores e Enólogos "Vinos", com sede em Trebinje, a Associação de Viticultores e Enólogos da República da Srpska, com sede em Gradiska, e a Associação de Viticultores, Enólogos e Fruticultores Pinot Noir, com sede em Prnjavor.

A Associação de Viticultores e Enólogos da Herzegovina Oriental "Vinos", com sede em Trebinje, foi criada em 2006 como uma organização não governamental e sem fins lucrativos. A associação foi criada simbolicamente a 14 de fevereiro, no dia de São Trifão, patrono dos viticultores e dos produtores de vinho. A missão principal da associação é promover a viticultura e a enologia desta área da República da Srpska, enquanto os objectivos específicos são: apresentação dos vinhos da

Herzegovina Oriental; expansão dos mercados através da organização da participação conjunta em feiras e exposições; assistência na investigação, seleção e reprodução de materiais de plantação; prestação de assistência profissional e outra aos membros; fomento e revitalização de costumes e festivais turísticos e tradicionais relacionados com a viticultura e a enologia; e cooperação com instituições científicas e profissionais e outras associações no país e no estrangeiro. A associação tem 25 membros, incluindo 15 adegas registadas. A associação participa na organização de vários eventos vitivinícolas e enológicos, como os Dias do Vinho de Trebinje, os Dias dos Vinhos Novos e os Dias das Adegas Abertas.

A outra associação na República da Srpska, a **Associação de Viticultores e Enólogos da RS,** foi criada em 2003 na parte norte desta entidade, na região de Banja Luka. Dado que a viticultura tem vindo a expandir-se cada vez mais na região de Banja Luka nos últimos quinze anos, existe a consciência da necessidade de criar uma associação que reúna todos os viticultores e produtores de vinho da região. Todos os anos surgem novas vinhas e começam a ser criadas novas adegas modernas nesta zona, pelo que a associação é o seu representante nos organismos governamentais e, através da associação, é mais fácil resolver em conjunto muitos problemas de produção e venda. A associação é co-organizadora do evento Banja Luka Wine Days, durante o qual são atribuídos prémios aos melhores vinhos da região e a melhor vinha é recompensada. A Associação coopera com a outra associação da República da Srpska, a Associação de Viticultores e Viticultores da Herzegovina Oriental, mas também com todas as outras associações e organismos que a possam ajudar a melhorar a viticultura e a enologia da região de Banja Luka.

A associação de viticultores, viticultores e fruticultores Pinot Noir foi criada no município de Prnjavor, na região vitícola de Ukrina, com o objetivo de melhorar a fruticultura, mas também a viticultura e a vinificação. No passado, a região de Ukrina tinha uma viticultura desenvolvida, mas que desapareceu durante o domínio otomano. Com a criação da estação de fruticultura e viticultura de Derventa, as autoridades austro-húngaras tentaram renovar a viticultura, mas não obtiveram qualquer sucesso significativo. A criação desta associação é um possível sinal de que a cultura da vinha poderá voltar a ser comum nesta zona, uma vez que existem condições favoráveis e áreas com potencial para o efeito.

Todas as associações mencionadas são associações de viticultores e enólogos que estão geralmente empenhados na prosperidade da viticultura e da enologia na Bósnia e Herzegovina e não têm carácter ou função de cooperativas. A primeira e até à data única cooperativa de viticultura e vinificação na Bósnia e Herzegovina foi criada em 2010 em Stolac com o nome de Cooperativa de Viticultura e Vinificação de Daorson. O seu nome deve-se à antiga povoação vizinha de Daorson, a capital da tribo ilíria Daorsi, que habitou esta região há mais de 2200 anos. Foram encontradas ânforas para vinho nas escavações desta povoação, o que indica uma longa tradição de viticultura e enologia nesta zona. A cooperativa foi fundada por oito viticultores e, no final de 2010, construíram uma adega moderna com capacidade para 600 hl com a ajuda de alguns donativos estrangeiros e locais. Por enquanto, as suas próprias vinhas preenchem apenas um terço da capacidade da adega, mas os membros da cooperativa planeiam aumentar a área de vinhas e, para preencher a capacidade, compram uvas a outros viticultores que não são membros da cooperativa. A cooperativa foi fundada como uma sociedade anónima. Cada membro investiu algum capital e é coproprietário da cooperativa, ou adega, de acordo com a sua quota-parte. Cada membro entrega as uvas à adega e recebe uma indemnização por isso, e na conta final após a venda do vinho, o lucro é dividido de acordo com o capital investido, ou copropriedade. A cooperativa e a adega têm apenas um empregado permanente, que é agrónomo de profissão e que é também o gerente da adega. Os membros da cooperativa efectuam sozinhos todas as tarefas na adega, reduzindo assim os custos de produção do vinho, que mais tarde devolvem através dos lucros obtidos.

Importa referir que existe uma cooperativa na República da Sérvia que se dedica à viticultura. Trata-se da Cooperativa Agrícola das Adegas da Diocese de Banja Luka, fundada em 2007. O objetivo da cooperativa é cuidar da vinha e da adega da Diocese de Banja Luka em Mahovljani, perto de Gradiska.

VISÕES RELIGIOSAS DA VIDEIRA E DO VINHO

As uvas e o vinho no judaísmo e no cristianismo

Fra Andrija Nikic

Com todos os atributos conhecidos, dos quais o fundamental é o facto de conter a palavra de Deus, a Bíblia ou Sagradas Escrituras é o documento do seu género que trata também da viticultura e da vinificação, da vinha e do vinho. Em 39 livros bíblicos do Antigo Testamento (de um total de 46) e em 10 livros do Novo Testamento (dos 27 incluídos na Bíblia), a palavra vinho aparece cerca de 235 vezes, a palavra vinha 145, videira 45, uvas 44, cacho (como flor que não é necessariamente sempre a flor da videira) 18, e viticultor 10 vezes. Nos evangelhos apostólicos (boas notícias), ficamos a conhecer os milagres de Cristo, dos quais precisamente os maiores estão relacionados com o vinho. O primeiro foi quando transformou a água em vinho em Caná da Galileia (João 2:3,9,10, 4:46).

No Antigo Testamento, o vinho é símbolo de deleite (Sl 104,15), de remédio, de oferta sacrificial (libação) e imagem de Israel. No Novo Testamento, a imagem da videira significa a unidade de Jesus com os seus discípulos (Jo 15,1-8). Na Última Ceia, Jesus estabeleceu a nova aliança marcada pelo vinho e, no cristianismo, o vinho é a principal dádiva sacrificial juntamente com o pão.

Juntamente com o trigo e o azeite, o vinho produzido na *Terra Prometida* pertence à alimentação quotidiana (Dt 8,8; 11,14; 1 Cr 12,40); e tem a propriedade de *"alegrar o coração do homem"* (Sl 104,15; Jz 9,13). É, portanto, um elemento do banquete messiânico, e também, antes de mais, do banquete eucarístico, onde o crente vai buscar a alegria à sua fonte: ao amor de Cristo.

Figura 71. outono ou uva da terra prometida (N. Poussin, 1594 - 1665)

Registos bíblicos sobre as vinhas

Na Bíblia, as vinhas e os vinhedos são mencionados com frequência a partir de Gn 9,20 (Noé) e mais adiante. O vinho é considerado como prazer (Jz 9,13; Sir 31,32), alimento (39,31), força (2Sm 16,2) e remédio (Lc 10,34). É um dom de Deus (Os 2,10). Tem um papel muito importante nos rituais - como oferta para cada sacrifício, queimado ou de expiação (Is 29,40). Nas suas parábolas, João utiliza frequentemente imagens da cultura vitícola, ou seja, dos trabalhadores da vinha (Mt 20,1-6), dos maus viticultores (Mt

21,33-46), das vinhas e dos ramos (Jo 15,1-8). Poucas culturas dependem tanto do trabalho humano cuidadoso e inventivo, bem como do ritmo das estações, como a vinha. A Palestina, como país vitivinícola, ensina Israel a aproveitar os frutos da terra, a agarrar-se de todo o coração à tarefa que promete muito, mas ensina-o também a esperar tudo da generosidade de Deus. Por outro lado, a vinha, que é tão preciosa, tem algo de misterioso em si mesma. Só vale pelo seu fruto. A sua árvore não vale nada (Ez 15,2-5), os seus ramos infrutíferos só servem para o fogo (Jo 15,6), mas o seu fruto traz alegria (Jz 9,13); por isso, a vinha esconde em si um mistério mais profundo: alegra o coração do homem (Sl 104,15), e o homem é uma vinha cujo fruto é a alegria de Deus.

A injustiça de um rei que tira as vinhas aos seus súbditos é grave; este abuso, previsto por Samuel (1Sm 8,14), foi cometido por Acab (1Rs 21,1-16). No entanto, sob um bom rei, cada um vive em paz debaixo da sua vinha e da sua figueira (1 Reis 4,25; 1 Mac 14,12). Este ideal realizar-se-á no tempo messiânico (Mq 4,4; Zc 3,10); então as vinhas serão fecundas (Am 9,14; Zc 8,12). A vinha, imagem da Sabedoria (Sir 24,17), imagem da esposa fecunda do justo (Sal 128,3), no seu brotar é símbolo da esperança dos noivos, que cantam o segredo do amor no *Cântico dos Cânticos* (Cântico 6,11; 7,13; 2,13.15; cf. 1,14).

Figura 72. Noé bêbado (B.S. Beham, 1500 - 1550)

Chegará o dia em que a vinha florescerá sob o olhar atento de Deus (Is 27,2). Por isso, Israel invoca o amor fiel de Deus, para que salve a vinha que transplantou do Egipto para a sua terra, que devia entregar à desolação e ao fogo! Ela ser-lhe-á fiel a partir de agora

(Sl 80,9-17). Mas Israel não cumprirá de modo algum essa promessa. Recorrendo à parábola de Isaías, Jesus resume assim a história do povo eleito: Deus não deixou de esperar os frutos da sua vinha; mas, em vez de ouvir os profetas que enviava, os inquilinos abusavam deles (Mc 12,1-5). Como auge do amor, envia-lhes agora o seu Filho amado (12,6) e, em resposta, os chefes do povo cometerão a infidelidade suprema, matando o Filho herdeiro da vinha. Por isso, os culpados serão castigados e a morte do Filho abrirá uma nova era do projeto de Deus: a vinha será confiada a arrendatários fiéis e acabará por dar fruto (12,7; Mt 21,41).

Referências no Antigo Testamento

A palavra vinho é mencionada mais frequentemente no sentido literal. É o caso quando se fala do vinho num ritual de sacrifício (Ex 29,40; Lv 23,13; Nm 15,5.7.10; 28,7.14, 2Sm 16,1 etc.), ou como bebida que se dá de presente ou com a qual se trata um convidado (1Sm 1,24; 10,3; 16,20; 25,18). O vinho é descrito como uma bebida para refrescar os cansados (2Sm 16,2; 1Cr 12,40), mas também como causa de embriaguez (Gn etc.). Com a instrução de quando se deve abster do vinho (Lv 10,9; Nm 6,3; Jz 13,4.7.14) ou de quando é permitido beber (Nm 6,20), a palavra vinho é também mencionada quando se refere ao cuidado com a sua guarda (1 Cr 9,29) e em muitos outros exemplos, por exemplo, quando o pai abençoa o filho (Gn 27,28) com uma oração a Deus para que seja misericordioso e envie o orvalho do céu do qual depende a abundância de pão, vinho e azeite. Em todos estes e noutros exemplos, a Bíblia desaconselha o uso abusivo do vinho, porque a embriaguez exclui do Reino de Deus... Na fábula de Jotão, uma história com uma moral, (várias plantas incluindo) a videira tornam-se símbolos das virtudes humanas. A parte relativa à videira diz o seguinte "Então as árvores disseram à videira: Vem tu e sê rei sobre nós! Mas a videira respondeu-lhes: Deixarei eu de dar o meu vinho, que alegra os deuses e os homens, para ir reinar sobre as árvores?" (9:13).

Referências no Novo Testamento

No Novo Testamento, o vinho é um símbolo do tempo messiânico e do "sangue derramado pelo Senhor"; a imagem da videira simboliza a unidade de Jesus com os seus discípulos e a vinha aparece em várias parábolas; o homem ímpio é uma imagem de uma videira infrutífera e deve beber o vinho da ira e da provação; o homem justo participa na aliança que Jesus estabeleceu durante a Última Ceia sob o signo do pão e do vinho.

As palavras de conselho seleccionadas são completadas pelo facto trazido pelo próprio Jesus. Jesus é a videira e nós os ramos, como ele é o corpo e nós os membros. Ele é a videira verdadeira, mas também o é a sua Igreja, cujos membros estão em comunhão com ele. Sem esta comunhão, não podemos fazer nada: só Jesus, como verdadeira videira, pode dar frutos que celebrem o agricultor, o seu Pai. Sem a comunhão com ele, somos ramos quebrados da videira, sem seiva, infrutíferos, bons para a fogueira (João 15,4). O amor do Pai e do Filho chama todos os homens a essa comunhão; é um convite imerecido, porque quem escolhe os que se tornam seus ramos, seus discípulos, é Jesus, e não são eles que o escolhem (15,16). Por essa comunhão, o homem torna-se um ramo de uma videira verdadeira.

O vinho na vida judaica

A tradição judaica atribui a Noé a invenção da viticultura, e depois mostra que ficou surpreendido com os efeitos do vinho (Gn 9,20); assim, realça simultaneamente a beneficência e o perigo do vinho. Sinal de bênção (Gn 49,11; Pv 3,10), o vinho é um bem precioso que torna a vida agradável (Sir 32,6; 40,20), mas só se for consumido sóbrio.

No Antigo Testamento, Israel é representado como a vinha que Deus tirou do Egipto e plantou numa nova terra, mas que muitas vezes ficou sem os frutos que Deus esperava. Jesus é a verdadeira videira que cumpre o plano de Deus onde Israel falhou e cria um novo Israel ("ramos" são aqueles que acreditam nele). Cada ramo emerge naturalmente da videira. Os ramos que deram fruto são podados a 3-6 cm da videira. Assim, "ficam" na videira durante a maior parte do ano, a fim de crescerem rapidamente e darem novamente fruto. No entanto, os ramos que não deram fruto são cortados pela raiz e lançados ao fogo.

Milagre em Caná

Recordemos que Jesus realizou o seu primeiro milagre nas bodas de Caná da Galileia. Os casamentos nas aldeias eram um acontecimento social importante e, normalmente, duravam vários dias. Ficar sem vinho ou sem comida num casamento significava uma desgraça social que seguiria os recém-casados durante toda a sua vida.

Jesus escolhe um casamento, um acontecimento familiar importante e um momento importante da vida, como o lugar onde vai realizar o seu primeiro milagre e começar publicamente a sua obra. Além disso, o casamento tem uma conotação simbólica porque é uma imagem da futura celebração e alegria quando Deus renovar a sua comunhão com os homens (Mt 22,1-14; Ap 19,7-9). A transformação da água em vinho é a primeira das sete maravilhas descritas no Evangelho de João.

O vinho na vida de culto

Sendo o vinho um dom de Deus, como todos os frutos da terra, tem o seu lugar nos sacrifícios. Além disso, o vinho é parte integrante das primícias que pertencem aos sacerdotes (Dt 18,4; Nm 18,12; 2 Cr 31,5). Eventualmente, terá o seu lugar no sacrifício do Novo Testamento, que porá fim a estes rituais (Ez 44,21; Lv 10,9). A abstinência de vinho pode ser também uma lembrança do tempo em que Israel foi privado de vinho no deserto (cf. Am 2,12). Assim, Sansão foi dedicado à vontade de Deus ainda antes do seu nascimento (Jz 13,4); o mesmo aconteceu com Samuel (1Sm 1,11) e João Batista (Lc 1,15). Os crentes eram muitas vezes chamados a renunciar ao vinho para evitar qualquer risco de desgraça com o paganismo: é o que testemunha o judaísmo após o exílio (Dn 1,8). Os motivos de privação impostos a alguns cristãos (1Tm 5,23) eram muito provavelmente a procura da ascese; só a sabedoria e o amor - recorda Paulo - podem conduzir a essa ascese (Rm 14,21).

Jesus não podia fazer nada mais belo do que reunir os seus discípulos à mesa da família na Última Ceia. Na sala de jantar de casa, celebrando a maior festa da sua fé, o jantar da Páscoa, sentados à mesa com cordeiro e repolho, pão e vinho, cantando salmos e lendo as palavras da Sagrada Escritura, eles consideravam os actos de salvação que o bom Deus realizou quando tirou o seu povo da escravidão para a Terra Prometida. Depois, no ambiente festivo, o Mestre levantou-se e, como anfitrião, dirigiu-se aos seus discípulos. Levantando-se, o presidente da mesa anunciou um novo prato e uma nova bebida nesta noite santa. Aos olhos dos discípulos, o seu levantar marcou o pôr do sol do passado e os medos noturnos, porque no dia seguinte aparecerá a escuridão do sol que chocará os discípulos na escuridão da sua certeza e os desiludirá na fé da sua persistência. Para que não fraquejeis, como se lhes dissesse, nos próximos três dias de fome e três noites de sede, esta noite comereis o pão do meu Corpo e bebereis o vinho do meu Sangue. Este é o último jantar de Páscoa de Jesus com os seus discípulos. Este é o primeiro banquete eucarístico com o Mestre. A última Páscoa e a primeira Eucaristia, nesta noite santa, foram unidas pela sua vontade, quando lhes disse Fazei isto em memória de mim.

O simbolismo do vinho

Dada a importância económica das vinhas, o vinho era um símbolo das bênçãos de Deus. O azeite, os cereais e o vinho simbolizam a prosperidade material. De um ponto de vista religioso, o simbolismo do vinho insere-se num contexto escatológico.

a) Para anunciar o grande castigo ao seu povo que o ofende, no Antigo Testamento Deus fala da negação do vinho (Am 5,11; Mq 6,15; Sof 1,13; Dt 28,39). O único vinho que se pode beber é, então, o vinho da ira de Deus, do momento inebriante (Is 51,17). E vice-versa: a felicidade que Deus prometeu aos seus fiéis é muitas vezes expressa sob a forma de uma grande abundância de vinho, como se vê nas profecias de consolação (Am 9,14; Os 2,22; Jr 31,12; Is 25,6; Joel 2,19; Zc 9,17).

b) No Novo Testamento, o "vinho novo" é um símbolo do tempo messiânico. Nomeadamente, Jesus afirma que a nova aliança, estabelecida na sua pessoa, é o vinho novo do qual se rompem os odres velhos (Marcos 2,22). O mesmo pensamento vem do relato de João sobre o milagre de Caná: o vinho das bodas, o vinho bom que esperavam "até agora", é o dom do amor de Cristo, sinal da alegria que se realizou com a vinda do Messias (João 2,10; cf. 4,23; 5,25). O termo "vinho novo" é finalmente encontrado em Mt 26,29 para representar o banquete escatológico que Jesus preparou para os seus fiéis no reino do Pai. Antes de beber o vinho novo no reino do Pai, o cristão beberá durante os seus dias o vinho que se tornou o sangue derramado pelo Senhor (cf. 1 Cor 10,16). Assim, para o cristão, saborear o vinho não é apenas motivo de ação de graças (Col 3,17), mas também ocasião para recordar o sacrifício que é fonte de salvação e de alegria eterna (1 Cor 11,25).

Por fim, é digno de nota o facto de a sublimidade do vinho na Bíblia se tornar particularmente proeminente no milagre de Caná (João 2,1-11), na celebração da Última Ceia e no uso na Eucaristia (Marcos 14,22-25). Nas mãos de Jesus e no altar, o vinho é um sinal evidente de que uma pessoa tem direito não só ao trabalho mas também à alegria; não só ao tempo de trabalho mas também ao tempo de lazer. Aqui, o vinho é o sinal de que o cristão deve apoiar a sociabilidade, as artes, os divertimentos, tudo o que torna a vida mais bela, mais agradável, mais nobre.

Antigo Testamento: Génesis (Gen), Êxodo (Ex), Levítico (Lev), Números (Num), Deuteronómio (Deut), Juízes (Judges), Samuel (1 Sam), Crónicas (Chron), Esdras (Ezr), o Livro dos Macabeus (1 Macc), os Salmos (Ps), Provérbios (Pr), o Cântico dos Cânticos (Cântico), o Livro de Sirach (Sir), Isaías (Is), Jeremias (Jer), Ezequiel (Ezek), Daniel (Dan), Oséias (Hos), Amós (Am), Miquéias (Mic), Sofonias (Zeph), Zacarias (Zech);

Novo Testamento: o Evangelho de Mateus (Mt), o Evangelho de Marcos (Mc), o Evangelho de Lucas (Lc), o Evangelho de João (Jo), a Epístola aos Romanos (Rm), a Primeira Epístola aos Coríntios (1Cor), a Segunda Epístola aos Coríntios (2Cor), a Epístola aos Colossenses (Cl) e o Apocalipse (Ap).

A vinha e o vinho no Islão

Adnan ef. Jakirovic

O consumo de álcool no Islão é proibido ou haram. Os membros do Islão não estão autorizados a consumir álcool de forma alguma, não podem comer alimentos que contenham álcool, não podem usar perfumes que contenham ingredientes alcoólicos e devem manter-se afastados de todas as formas de substâncias intoxicantes. Esta restrição é a ordem de Alá. Porque é que o álcool é "haram" e os crentes muçulmanos não o podem consumir? A religião muçulmana baseia-se no bom senso, no pensamento racional e no discernimento correto. Tudo o que possa pôr em causa este comportamento é proibido. Além disso, o álcool transmite uma má mensagem às crianças, torna as pessoas esquecidas e, por último, o álcool conduz ao crime.

A proibição do álcool não foi decretada de uma só vez, mas por fases.

Perguntam-te sobre o vinho e o jogo. Dize-lhes: "Neles há um grande pecado e algum benefício para as pessoas, mas o pecado deles é maior do que o seu benefício." E perguntam-te o que devem gastar. Dize: "O excesso!" É assim que Allah vos esclarece as regras para que possais refletir sobre elas! (Al-Baqarah, 219)

Esta ayat diz que o pecado do vinho e do jogo é maior do que o seu benefício, e que a sua rejeição é mais importante do que o seu uso. Esta ayat ainda não proíbe definitivamente o álcool, mas prepara o terreno para tal.

Depois, na fase seguinte, é proibido fazer a oração em estado de embriaguez:

Ó crentes, não vos aproximeis da oração enquanto estiverdes embriagados, até saberdes o que estais a dizer! (An-Nisa', 43)

Depois vem a fase final da proibição do álcool, após a qual não há dilemas nem debates de qualquer tipo. Os seguintes ayats falam da proibição final:

Ó crentes, o vinho, o jogo, os ídolos e as setas de adivinhação são abominações e obras de Satanás; evitai-os, pois, para alcançardes o que desejais. (Al-Ma'idah, 90)

Depois de chamar os crentes e de se lhes dirigir diretamente, o que requer toda a atenção em termos do que se pretende dizer, a proibição do álcool surge em primeiro lugar na ayat citada, seguindo-se a proibição do jogo, dos ídolos e das setas para adivinhação. Todas estas quatro coisas têm um só nome, que é *rijs* (abominação) e não qualquer *rijs*, mas aquele que pertence aos actos satânicos. No Alcorão, Alá Jalla Shanuhu exige que as pessoas abandonem esses pecados para serem salvas:

Com o vinho e o jogo, Satanás pretende criar inimizade e ódio entre vós e afastar-vos da recordação de Deus e das orações. Então, desistireis? (Al-Ma'idah, 91)

No hadith, Maomé ordena que se chicoteie a pessoa que bebe álcool três vezes seguidas e, se isso acontecer pela quarta vez, ordena a sua morte: Ibn-Umar transmite que o Profeta disse: "*Quem bebe álcool, chicoteia-o. Se voltar a beber, chicoteia-o de novo. E se voltar a beber, chicoteia-o. Se beber depois disso, mata-o*!" (*Nesa'i*)

"Quem tem uma perceção clara do seu Senhor é como aquele a quem as suas más acções parecem atraentes e que segue os seus próprios desejos? O exemplo do Paraíso, que é prometido àqueles que temem a Deus, é: nele há rios de água inalterada, rios de leite cujo sabor nunca muda, rios de vinho agradável para aqueles que bebem, e rios de mel purificado, e no qual há toda a espécie de frutos e perdão do seu Senhor - é o mesmo que o sofrimento que aguarda aqueles que permanecerão eternamente no Fogo e serão dados a beber água fervente que cortará seus intestinos?" **(Mohammad, 14 e 15)**

Alá, o Todo-Poderoso, diz: "*Aquele que tem uma perceção clara do seu Senhor*", ou seja, que está plenamente confiante em Alá e na Sua religião, "*é como aquele a quem as suas más acções parecem atraentes e que segue os seus próprios desejos?* "Ou seja, não são iguais. Como o Todo-Poderoso diz:

"Aquele que sabe que o que te foi revelado pelo teu Senhor é a verdade é como um cego"/13:19/ então o Todo-Poderoso diz: *"...O exemplo do Paraíso, que é prometido àqueles que temem a Allah é..."* A sua descrição é: *"...nele há rios de água inalterável..."*, ou seja, água que nunca muda de sabor e que nunca pode tornar-se turva *"... e rios de leite cujo sabor nunca muda..."*, ou seja, o leite de soberba brancura e qualidade *"...e rios de vinho agradáveis aos que bebem...", ou seja,* nem o seu sabor nem o seu cheiro são maus e não intoxica como o vinho deste mundo, mas a sua cor é bela e tem um belo sabor, uma fragrância agradável e é benéfico para o organismo *"... e rios de mel purificado..."* ou seja, mel puro da mais bela cor, sabor e cheiro.

Muhammad, o Profeta de Alá, disse: *"No Paraíso há lagos de leite, lagos de água, lagos de mel e lagos de vinho, de onde correm rios constantemente".*

Embora o vinho seja proibido, o cultivo da vinha e a produção de uvas não o são, pelo que são mesmo encorajados. Alguns países marcadamente islâmicos são grandes produtores de uvas. Por exemplo, a Turquia é o sexto, o Irão é o nono e o Egipto é o 13° maior produtor de uvas do mundo. Mas as uvas produzidas são principalmente utilizadas para fins não alcoólicos, uvas de mesa, passas e sumos. No entanto, alguns países islâmicos produzem quantidades significativas de vinho, como a Argélia, que em 2011 produziu 47 500 toneladas, muitas vezes mais do que a Bósnia e Herzegovina.

As vinhas e as uvas são mencionadas várias vezes no Corão. De um total de 114 suratas, nove referem-se a vinhas e uvas em diferentes contextos.[15] Mencionaremos algumas delas:

---

[15]Surah é um capítulo do Corão e o Corão tem 114 Surahs, cada um dividido em ayats - versículos, e contém um total de 6.236 ayats. Os muçulmanos acreditam que cada versículo do Corão é uma Palavra de Deus.

Surah Abasa, ayats 25 - 28:

(25)" *Deitamos água em abundância,*

(26) *e dividiu a terra em fendas,*

(27) *e fazer crescer o grão*

(28) *e uvas e legumes*"

Surah El-Bekare, ayat 266;

"Quem de vós gostaria de ter um jardim cheio de palmeiras e videiras por onde correm os rios?

que tem todos os tipos de frutos" . . .

Surah Nahl, ayat 67;

"E dos frutos das palmeiras e das videiras fazeis bebidas e alimentos agradáveis. Nisto está, de facto, um sinal para os sábios".

No mundo islâmico são produzidas grandes quantidades de passas de uva. De acordo com uma história, quando o Profeta de Alá recebeu passas de uva, disse: "Comam, que alimento maravilhoso são as passas, aliviam a fadiga, acalmam a raiva, fortalecem os nervos e embelezam a respiração, removem o muco e purificam.

Referências:

Biblija za trece tisucljece - ili biblijsko mudroslovlje i kazivanja za svagdanju uporabu. 2002. priredio Nikola Kuvacic, Split.

Opci religijski leksikon. 2002. Zagreb,Leksikografski zavod, Zagreb.

Religijski leksikon. 1999. Most, Zagreb

Rjecnika biblijske teologije. 1969. Krsanska sadasnjost, Zagreb.

CAPÍTULO 7

VARIEDADES DE VIDEIRA NA BÓSNIA E HERZEGOVINA

Origem das variedades herzegovinianas

Jure Beljo

Uma variedade com o seu potencial genético de rendimento e qualidade é um pré-requisito para uma produção agrícola bem sucedida. A importância da variedade é maior na viticultura do que noutras culturas, porque as características do vinho dependem dela. Outros factores, como o método de poda, a fertilização, a irrigação ou as medidas fitossanitárias, podem ser modificados, mas os potenciais genéticos são influenciados pela variedade e decisivos, uma vez que transmitem as suas características, boas ou más, para o vinho. Uma ou mais variedades estão na origem de cada vinho, e cada casta tem uma combinação única de propriedades, incluindo o aroma, o sabor e a cor do vinho. As antigas cultivares e o processo de diversidade varietal no tempo e no espaço são bastante desconhecidos. Apesar da disponibilidade de numerosos dados bioarqueológicos, morfológicos, históricos e genéticos, a identidade das variedades anteriores, a história, a biogeografia e os mecanismos de domesticação da videira permanecem pouco claros.

A videira (*Vitis vinifera*) é uma espécie muito diversificada com um grande número de variedades. As actuais cultivares de vinho são o resultado de mutações e hibridações aleatórias milenares, bem como de selecções específicas nos últimos dois a três séculos. Estima-se que existam atualmente entre 6.000 e 11.000 cultivares diferentes no mundo (Maul et al., 2008). O número exato de cultivares é muito difícil de avaliar devido a um grande número de sinónimos e homónimos, o que é uma consequência da longa história de criação, propagação vegetativa e intensa transferência de materiais entre países e regiões. Schneider et al. (2001) acreditam, no

231

entanto, que o mundo tem entre 5.000 e 8.000 cultivares, que são cultivadas sob 14.000 a 24.000 nomes diferentes, e que aproximadamente 300-400 cultivares bem conhecidas são cultivadas na maioria das vinhas do mundo.

As informações sobre a origem são raras ou inexistentes para a maioria das cultivares. A maior parte delas são bastante antigas, algumas mesmo centenárias. Supõe-se, por exemplo, que a variedade Syrah foi trazida por legionários romanos para o vale do Reno (Galet, 1990). Atualmente, a origem e o parentesco das cultivares são determinados por marcadores genéticos. As primeiras descrições de variedades apareceram já no livro *Naturalis historiae* do escritor e naturalista romano Plínio, o Velho. Mas estas descrições são bastante escassas, pelo que podem ser utilizadas para identificar um pequeno número de variedades. O estudo sistemático das características varietais só começou no século XIX, com base nas características da folha, da uva e do bago. Atualmente, a origem e a semelhança das cultivares são determinadas por marcadores genéticos (Sefc at al., 2009).

Na imensa multidão de cultivares mundiais, existe um número modesto de cultivares herzegovinas. A maior parte delas são antigas e as informações sobre as suas origens são raras ou inexistentes. Quase nenhuma das variedades herzegovinianas tem uma origem conhecida, perdendo-se na obscuridade do passado. Dada a continuidade da viticultura na Herzegovina há mais de 2000 anos, foram mantidas numerosas variedades locais, pelo que atualmente dispomos de um grande número de variedades originárias da Herzegovina ou que foram trazidas e adaptadas às condições ambientais da Herzegovina. Por outro lado, na Bósnia, onde a viticultura foi muito desenvolvida num período histórico específico, a continuidade do cultivo da vinha foi interrompida, pelo que nesta zona as variedades outrora cultivadas não sobreviveram. Nomeadamente, nos séculos de cultivo da vinha na Bósnia, é possível que tenham sido desenvolvidas variedades especiais adaptadas à zona, mas que se perderam com o desaparecimento das videiras.

As actuais variedades de uvas na Herzegovina são o resultado de uma série de factores evolutivos, agroecológicos e históricos, entre os quais os mais importantes são:

- formação de cultivares autóctones durante um longo período de adaptação às condições climáticas,

- proximidade da Dalmácia como região vitícola, de onde foram transferidas e adaptadas algumas castas às condições de cultivo da Herzegovina,

- introdução de variedades estrangeiras efectuada desde o domínio otomano até à atualidade; além disso, algumas delas adaptaram-se às nossas condições e, provavelmente, alteraram algumas propriedades,

- introdução de algumas castas provenientes de outras zonas vitícolas durante o século XX.

A descrição anterior e a importância das variedades individuais

Vários vinhos de origem herzegoviniana, tais como os denominados Mostarac, Brocanac, Dubravsko e similares, apareceram várias vezes nos escritos de alguns escritores de viagens. No entanto, não havia nomes de castas na Herzegovina até à segunda metade do século XIX. A primeira referência às variedades de uvas cultivadas na Herzegovina é feita pelo padre Petar Bakula (1871), que escreveu: "Crno grozdje i blatina, (Uva vermelha e blatina,

Ruza. sljiva i skadarka, Ruza sliva e skadarka
Zutac, bielo i madjarka,. " Zutac bielo e madjarka)

Destas variedades, a Blatina, a Ruza e a Sljiva são cultivadas ainda hoje, embora as duas últimas não se enquadrem em variedades de qualidade distinta. A Skadarka é uma variedade húngara que é cultivada na

Herzegovina, mas não é claro quando e como foi trazida para a Herzegovina. Mas é estranho que Bakula não mencione a variedade Zilavka.

No livro "Yugoslav Register of Plants" (Sulek, 1879), o famoso linguista croata Bogoslav Sulek enumera cerca de 800 nomes de diferentes variedades cultivadas na Croácia. Entre elas, há várias que têm os mesmos nomes de algumas variedades que são atualmente cultivadas na Herzegovina. São elas: Dobrogostina, Kadarun, Lipolist, Plavka ou Plavina, Mali e Veli posip, Podbel, Ranka,

Rezaklija, Ruza, Ruzica, Sljiva, Trnak. Uma vez que a Bósnia e Herzegovina estava ainda sob o domínio otomano na altura, Sulek não indicou nomes de variedades herzegovinas. Mas pode concluir-se da lista de Sulek que existem muitos sinónimos e homónimos nas videiras. Nomeadamente, a Lipolist é originária da Eslavónia e a Ljepolist da Dalmácia. A variedade Podbel faz lembrar a nossa variedade Podbjel ou Podbil, mas, segundo Sulek, é originária de Zagreb. Do mesmo modo, segundo Sulek, a Trnak é originária de Glina, na Croácia, a Rezaklija de Brod, na Eslavónia, e a Sljiva e a Ruzica de Srijem. Outras variedades enumeradas por Sulek são originárias da Dalmácia e é possível que se trate das mesmas variedades que são cultivadas na Herzegovina. No entanto, Sulek apenas enumerou os nomes das variedades, mas não a sua descrição.

Figura 73. Blatina

Só depois da ocupação austro-húngara é que se encontraram os nomes das castas autóctones da Herzegovina e as suas descrições. Quando Leonard Roessler efectuou as primeiras análises de vinhos da Bósnia e Herzegovina, em 1883, indicou algumas castas que tinha provado. Por exemplo, Roessler afirmou que as variedades cultivadas nas zonas de Konjic e Prozor eram Skadarka, Slatina, Zelenka, Podbjel e Krkosija, que era nitidamente dominante. Destas variedades, a Podbjel e a Krkosija continuam a ser produzidas atualmente.

Figura 74. Anúncio da variedade Posip do início do século XX

O primeiro registo agrícola da Bósnia e Herzegovina, de 1895, contém uma descrição pormenorizada de algumas variedades herzegovinas. Entre as variedades brancas, a lista especifica a Zilavka, como a variedade mais difundida e de melhor qualidade, bem como a Bena, a Krkosija, a Posip, a Rezakija e a Jazocka. No que respeita às castas tintas, a lista menciona a Blatina e a Skadarka. Diz-se que a Skadarka é, de facto, idêntica à variedade húngara Plava Kadarka e, na Herzegovina, em maturidade normal, dá um vinho tinto harmonioso e forte de cor vermelha escura. Mas a principal variedade de uva tinta é a Blatina, que é a mais comum. Os peritos em viticultura que a administração austro-húngara trouxe de outras partes do Império para trabalhar no melhoramento da viticultura notaram imediatamente a qualidade da Zilavka e da Blatina e, nas estações de Gnojnice e Lastva, iniciaram a seleção clonal destas variedades, a fim de extrair os melhores clones e de os espalhar pela região.

Ao testar a qualidade dos vinhos da Herzegovina, Carl Neufeld (1901) analisou 48 amostras de várias variedades provenientes de toda a Herzegovina. No seu relatório, Neufeld enumerou todas as variedades que tinha analisado e os locais de onde tinha retirado as amostras de uvas. Das variedades brancas, a maioria eram amostras de Zilavka e, para além da Krkosija, foram ainda enumeradas as variedades Dobrogostina, Podbijel e Rezakija. Entre as amostras de variedades tintas, a maioria era de Blatina, enquanto outras amostras testadas eram as de Skadarka, Zestac, Crni posip, Osina e Alicante bouschet. Neufeld não examinou as propriedades morfológicas e biológicas das vinhas, mas apenas as propriedades dos vinhos das castas testadas. A maioria destas castas continua a ser produzida e algumas desapareceram.

Depois disso, muitos outros investigadores e viticultores dedicaram-se a examinar e a descrever as castas herzegovinas. Em 1921, Ljubomir Stjepanovic fez uma lista das castas cultivadas na Herzegovina no artigo "Viticulture and wines of Bosnia and Herzegovina". Para além de Zilavka, Blatina e Krkosija como as variedades mais importantes, sobre as quais faz uma revisão exaustiva, menciona também Bena, Rezakija, Pjegavac, Jazocka, Lipolist, Zlozder, Podbjel, Rukavac e Grana, entre as brancas, e Plavka, Posib, Nincusa, Sjerina, Orucevka, Zestac, Surac e Osina, entre as tintas. Stjepanovic enumerou também as variedades de mesa Crna e Bijela posib, Sljiva, Ruza e Nadidjar (Stjepanovic, 1921). Uma contribuição semelhante sobre as variedades herzegovinianas foi também apresentada por Lovrenovic em 1928.

Figura 75. Zilavka

A primeira descrição pormenorizada das castas da nossa região foi feita por Stjepan Bulic. O seu livro *"Dalmatian ampelography"* descreve 200 variedades com algum pormenor. As variedades descritas incluem também um certo número de variedades que são cultivadas na Herzegovina. A Dalmácia e a Herzegovina são zonas vitivinícolas adjacentes com condições agro-ecológicas semelhantes, pelo que há muitas variedades que são cultivadas em ambas as zonas. Algumas delas são originárias da Dalmácia e outras da Herzegovina (Bulic, 1949).

A mais vasta lista de variedades de uvas da Herzegovina foi apresentada durante a premiada exposição de uvas em Mostar, em setembro de 1930. Foram apresentadas uvas de 45 variedades diferentes

expostas nessa ocasião. A lista de variedades desta exposição ajudou os investigadores que trabalharam no inventário das variedades herzegovinianas a saber quais as variedades que deveriam procurar na região. A maioria destas variedades foi encontrada e colhida, uma parte perdeu-se, enquanto algumas variedades não eram autóctones da Herzegovina, pelo que acabaram por não ser colhidas.

Embora a zona vitícola da Herzegovina seja relativamente limitada e apresente condições de crescimento semelhantes em toda a área, existe ainda um grande número de castas, de vinho e de mesa, brancas e tintas. Globalmente, as castas autóctones podem ser divididas em três grupos. O primeiro grupo inclui as variedades mais importantes, que são cultivadas comercialmente numa base mais alargada e representam mais de 90% da área total de vinha das variedades locais. As castas deste grupo são as seguintes: Zilavka, Krkosija, Bena e Dobrogostina, no caso das castas brancas, e Blatina e Trnjak, no caso das castas tintas.

No segundo grupo estão as variedades que têm agora uma importância económica menor. Costumavam ser cultivadas em maior escala, pelo que os vinhos de algumas dessas castas chegaram a ser premiados em feiras, como a Orucevka e a Zestac, mas atualmente encontram-se menos em novas vinhas comerciais. Estão ligeiramente mais representadas nas vinhas mais antigas. Estas castas incluem a Plavka, a Sljiva branca e tinta, a Posip branca e tinta, a Zestac, a Orucevka, a Podbjel (Podbil), a Mala blatina, a Rezakija, a Elezusa, a Cevrusa, a Menigovka, a Zlozder, a Surac, a Nadidjar e a Medenka.

Hoje em dia, outras variedades não têm praticamente qualquer significado económico, podendo ser encontradas apenas como árvores isoladas em vinhas velhas ou em latadas. No entanto, algumas destas variedades poderiam ter um objetivo útil em combinação com outras variedades, algumas como variedades de uvas de mesa e outras em programas de criação para o desenvolvimento de novas variedades.

Infelizmente, muitas das nossas variedades autóctones perderam-se durante a renovação das vinhas após a Primeira Guerra Mundial. Foi nessa altura que a renovação das vinhas começou por enxertia em porta-enxertos americanos, depois de a filoxera ter destruído as vinhas na Herzegovina. Nessa ocasião, algumas variedades de menor importância económica, ou que podem ter sido destruídas pela filoxera, não foram simplesmente enxertadas, pelo que nunca foram renovadas e, assim, perderam-se para sempre. Ninguém sabe quantas variedades se perderam, mas é provável que entre elas se encontrem as que têm algumas características muito úteis. Recentemente, ao aumentar a produção de uvas nas vinhas plantadas, os viticultores concentram-se na plantação de apenas cinco a seis variedades mais populares, enquanto outras variedades estão a desaparecer lenta mas seguramente do seu habitat natural. De acordo com as nossas descobertas, algumas variedades foram cultivadas em grande escala, mas hoje estão perdidas sem deixar rasto. Estas variedades incluem Gabeljak, Grana, Jazocka, Osina, Pirgo, Popovka, Rukatac, Torbara, Trojka, Zizip e outras.

Figura 76. Plantação de coleção de variedades Hezegovinianas em Rodoc

Nesta monografia, descrevemos com mais pormenor apenas as castas mais importantes, aquelas que são mais frequentemente utilizadas na produção de vinho e que foram mais ou menos estudadas até agora. As variedades mais estudadas são Zilavka, Krkosija, Bena, Blatina, Trnjak e Plavka, entre as variedades locais, e Alicant Bouschet e Vranac, entre as variedades introduzidas. As variedades Dobrogostina, Posip bijeli e Posip crni foram apenas parcialmente estudadas e não existe praticamente nenhuma informação científica sobre outras variedades. Nos últimos anos, a Faculdade de Agricultura e Tecnologia Alimentar da Universidade de Mostar tem vindo a efetuar uma análise das características ampelográficas das variedades herzegovinianas de acordo com o descritor oficial da OIV. Até à data, foram descritas quinze variedades (Buntic, et al., 2010, Knezovic, 2011), e a plantação de colecções estabelecida no campo da faculdade em Rodoc irá acelerar a descrição, pelo que podemos esperar uma descrição pormenorizada de todas as variedades de uvas da Herzegovina num futuro próximo.

No âmbito do projeto de inventário e caraterização das castas da Herzegovina, em colaboração com o Departamento de Melhoramento Vegetal, Genética e Biometria da Faculdade de Agricultura da Universidade de Zagreb, foi realizada a genotipagem de 30 castas (Leko et al., 2012). Os perfis genéticos foram determinados utilizando nove marcadores de microssatélites (SSR) de acordo com a metodologia utilizada no projeto Grapegen06 (http://www1.montpellier.inra.fr/grapegen06/). As relações genéticas entre as cultivares analisadas são apresentadas através de um dendrograma (Figura 79). Graças à nossa genotipagem, foram encontrados sinónimos entre as variedades herzegovinianas e foram também resolvidas as dúvidas sobre a origem de algumas variedades que são cultivadas na Herzegovina, como a Small blatine (Lacombe et al., 2012) e a Dobrogostine. Os perfis das variedades mundiais para comparação com as nossas variedades são retirados da Base de Dados Europeia de Vitis e foram criados como parte do projeto GrapeGen06.

Métodos utilizados na identificação e descrição das castas de videira

Ana Mandic

Identificação significa

Variedade (cultivar) é uma população de plantas de um único tipo que possui uma série de características biológicas específicas e economicamente importantes que a distinguem de outras, estas propriedades manifestam-se em todos os indivíduos da população e são mantidas após a reprodução (Maletic et al. 2008).

A globalização do mercado vitivinícola resultou na expansão e exploração de várias cultivares de vinho bem conhecidas (como Chardonnay, Cabernet Sauvignon, Syrah, Merlot, Pinot Noir, Riesling). Isto torna o mercado do vinho conservador, não só a nível global mas também a nível local, onde, mais uma vez, existem variedades de vinho reconhecidas, enquanto outras são menos utilizadas, atualmente em perigo de extinção, e cultivadas como árvores isoladas em quintais ou em parreiras, ou em colecções de campo de institutos que se dedicam à conservação de recursos genéticos vegetais. Esta tendência está também presente na Herzegovina, onde, com as nossas variedades bem conhecidas Zilavka e Blatina e algumas variedades de apoio, outras são desconhecidas, suplantadas e não utilizadas.

Apesar da longa tradição vitivinícola na Herzegovina, não existe um documento integrado e pormenorizado que descreva as mais importantes cultivares de videiras da Herzegovina. Isto aplica-se particularmente às variedades menos comuns, e muitas delas nunca foram descritas. Diferentes genótipos são designados pelos mesmos nomes, embora não possuam as mesmas características, ou são utilizados nomes diferentes para variedades de aparência semelhante. Tendo em conta a grande adaptabilidade da videira enquanto espécie e a variabilidade das condições microclimáticas e agro-ecológicas, não é fácil identificar as variedades no local de cultivo.

A descrição e a identificação das castas são possíveis através da avaliação dos parâmetros morfológicos e da utilização de métodos bioquímicos e moleculares. Atualmente, a identificação de base é efectuada principalmente com base em indicadores morfológicos através do código descritor. A Organização Internacional da Vinha e do Vinho (OIV) criou um esquema ampelográfico especial - o descritor OIV, para a identificação das castas (Office International de la Vigne et du Vin, 2009). Embora os métodos ampelográficos sejam rápidos e fiáveis, estão sujeitos à influência de factores ambientais na expressão das características da videira, bem como à subjetividade e experiência do próprio ampelógrafo (Dettweiler et al., 2000). Por conseguinte, os métodos de marcadores de ADN são cada vez mais utilizados para a identificação fiável das castas, entre os quais os microssatélites ou os marcadores SSR estão a tornar-se um padrão atualmente (Maletic et al., 2008).

Descrições ampelográficas da videira

A ampelografia é um domínio da botânica que se ocupa do estudo, identificação e classificação da videira *Vitis* spp. [th]A palavra "ampelografia" foi utilizada pela primeira vez no século XVII por Philip Jacob Sachs na sua obra enciclopédica sobre a vinha e o vinho (Martinez e Grenan 1999.), embora o método seja antigo. O livro *Ampelography* de Viala e Vermorel apareceu no início do século XX. Até ao final da Segunda Guerra Mundial, a ampelografia era mais uma arte do que um método normalizado. Pierre Galet, chamado "pai da ampelografia", desenvolveu uma nova abordagem baseada mais na forma e nos contornos das folhas, dos rebentos em crescimento, das pontas dos rebentos e dos pecíolos e menos no cacho de uvas. Com o desenvolvimento da ampelografia, o número de descrições normalizadas das características aumentou.

A identificação ampelográfica das castas baseia-se na observação das características de alguns órgãos de uma uva. No início dos anos 80, a OIV, a UPOV (L'Union internationale pour la protection des obtentions vegetales - União Internacional para a Proteção das Obtenções Vegetais) e a FAO chegaram a acordo sobre uma abordagem uniforme para a descrição das características da uva de vinho, tendo sido criado o documento "Lista de descritores da OIV para as castas e espécies de Vitis" (OIV, 1983). As castas são descritas de acordo com o esquema ampelográfico.

Organização do esquema:

- nome da variedade, sinónimos e homónimos
- origem da variedade
- variedade da área de distribuição
- características morfológicas
- características agro-biológicas
- caraterização económica e técnica
- distribuição regional
- variabilidade intravarietal
- dados bibliográficos (fontes)

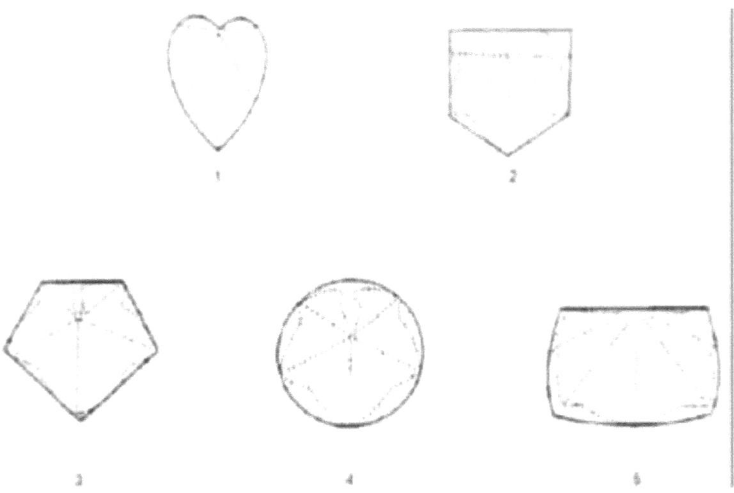

Figura 77. Um exemplo de uma caraterística descritiva. Folha madura, forma da lâmina: 1 - cordada; 2 - em forma de cunha; 3 - pentagonal; 4 - circular; 5 - em forma de rim

As características da videira são atribuídas com o chamado código OIV e avaliadas por um número (OIV, 1983). O tempo e o número de observações são prescritos, bem como a parte da videira que está a ser avaliada (figura 1). A descrição considera o rebento jovem e a parte central do rebento na fase de floração. A folha jovem é observada durante a floração e a folha madura é observada entre o vingamento dos bagos e o pintor. Rebento lenhoso que é observado após a queda das folhas, ou durante a dormência. Flor e inflorescência nas canas do ano anterior. Cacho na maturidade, valor médio dos maiores cachos de 10 rebentos. Baga na maturidade, valor médio de 30 bagas não deformadas e de tamanho normal retiradas da parte média de 10 cachos. Sementes: formação, completitude, número. Para a maior parte das características, é necessário dispor de, pelo menos, 10 amostras. São avaliadas por números, mas a apresentação da variedade não especifica os números mas as descrições que lhes estão subjacentes. Para cada descritor, são igualmente enumeradas variedades ou espécies de referência do género

Vitis, conhecidas e descritas como típicas para um determinado atributo. Para além destes, a época de floração, o abrolhamento, a formação de cachos e a resistência a algumas doenças são também monitorizados, enquanto os descritores incluem atualmente também marcadores moleculares SSR.

Uma vez que as descrições das partes da videira e as estimativas do tamanho, forma e proporção estão sujeitas à avaliação subjectiva dos investigadores, são introduzidas diferentes medições ou métodos ampelométricos para obter resultados objectivos. Foi desenvolvida uma metodologia para medir a área foliar, o comprimento, a largura, a profundidade do seio, o comprimento do pecíolo e o tamanho dos dentes (figura 78). Esta metodologia é designada por ampelometria, enquanto a medição do cacho e dos bagos é designada por uvometria. As medições do cacho e dos bagos incluem: massa, comprimento, largura, número e tamanho dos bagos, análise mecânica. Tudo isto tem como objetivo uma identificação e descrição simples e precisas das variedades. Na ampelometria, são atualmente utilizados computadores e vários programas especializados que funcionam com base na fotoanálise e ajudam a padronizar as descrições varietais. A figura 78 mostra alguns dos pontos que marcamos e com base nos quais o programa calcula e apresenta os descritores.

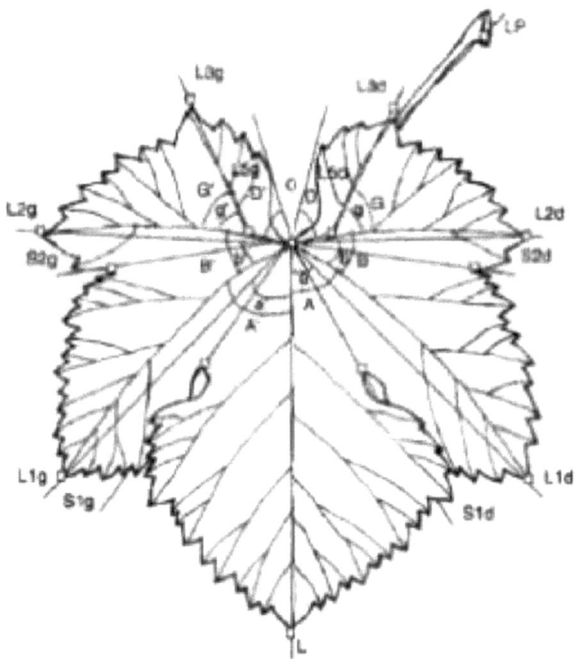

Figura 78. Vista das medições ampelométricas

Um dos programas utilizados é o SuperAmpelo, desenvolvido pelo Microsoft Visual Studio.Net e compatível também com Bases de Dados Microsoft Access (Figura 78).

Métodos moleculares e genéticos de identificação de variedades

Os métodos fenotípicos clássicos nem sempre são suficientes devido à instabilidade dos caracteres morfológicos e às influências ambientais sobre eles, além de serem inaplicáveis em estádios juvenis ou em partes isoladas de plantas (Tessier et al., 1999).

Por conseguinte, a identificação das castas começa por utilizar primeiro as isoenzimas (Benin et al., 1988) e depois os marcadores moleculares como

RFLP, RAPD, SSR ou microssatélites, AFLP, SNP.

Os métodos moleculares e genéticos baseiam-se na análise da variabilidade da sequência de ADN, que numerosas experiências confirmaram ser hereditária e, por conseguinte, não sujeita a influências ambientais. Estes métodos são adequados para a identificação, uma vez que, uma vez confirmado o ADN, podem ser testados em qualquer local e em qualquer fase do crescimento e desenvolvimento da planta. Podem ser utilizados como complemento da ampelografia ou de forma autónoma. Atualmente, os métodos moleculares tornaram-se uma ferramenta comum na identificação, determinação de parentesco e melhoramento de uvas para vinho.

Os marcadores SSR ou microssatélites são mais frequentemente aplicados em videiras e permitem a identificação de variedades e porta-enxertos, a reconstrução das origens das variedades e o parentesco genético. A sequência típica de microssatélites consiste em cinco a cerca de cem repetições em tandem de sequências curtas e simples compostas por 1 a 6 nucleótidos (Sefc et al. 2009).

A abundância de sequências de microssatélites em eucariotas cria uma fonte quase ilimitada de sítios polimórficos que podem ser explorados como marcadores genéticos. A variabilidade é detectada pelas diferenças de tamanho dos alelos em pares de bases. Os dados obtidos de um indivíduo representam o perfil de microssatélites dessa cultivar. O ECPGR WG *Vitis* recomenda pelo menos nove destes marcadores SSR para a identificação de variedades e estão a tornar-se padrão na ampelografia.

A Faculdade de Agricultura e Tecnologia Alimentar da Universidade de Mostar, em cooperação com a Faculdade de Agricultura da Universidade de Zagreb, traçou o perfil da maioria das castas de videira da Herzegovina utilizando os referidos marcadores SSR. A relação entre as variedades foi avaliada e foi criado um dendrograma de semelhança. A próxima fase será a comparação das semelhanças e distâncias com outras variedades europeias e mundiais.

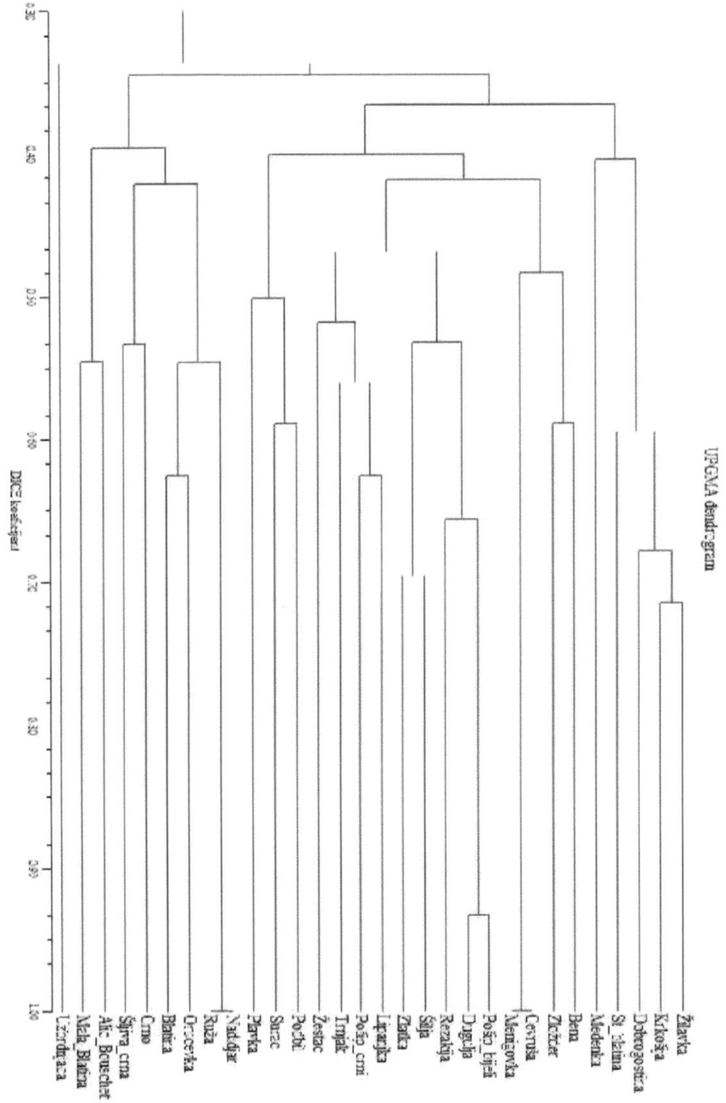

Figura 79. Dendrograma das variedades herzegovinianas

Variabilidade clonal

Um clone é definido como um indivíduo que descende de um único ancestral comum por propagação assexuada. Um grupo de clones originários do mesmo ancestral é definido como sendo geneticamente idêntico, exceto pelo efeito de mutações (Forneck 2005). Os clones são seleccionados dentro da cultivar. Estes são indivíduos com diferenças fenotípicas ou fisiológicas. A seleção de clones começou na Alemanha em 1876, em França em 1946 e nos anos 60 em Itália.

A propagação vegetativa a longo prazo da videira tem vindo a acumular mutações dentro dos genótipos, e têm ocorrido diferenças fenotípicas. Esta diversidade pode então ser utilizada para selecionar os melhores clones de uma determinada variedade (Carrier et al. 2012). A seleção dos melhores clones para fins comerciais é a única solução para aceder a uma diversidade vegetal sem modificar a identidade de cultivares de renome mundial (Carrier et al. 2012). A lista de cultivares de vinho na União Europeia é restrita, pelo que é importante manter a integridade da cultivar. A identificação clonal convencional baseava-se principalmente em traços morfológicos e fenológicos, mas essas técnicas atingiram os seus limites, uma vez que eram subjectivas, difíceis, demoradas e sujeitas à influência de factores ambientais (Stajner et al. 2009). Os métodos utilizados para a diferenciação de cultivares: a ampelografia e os marcadores moleculares SSR nem sempre foram adequados para distinguir clones. A análise SSR, uma ferramenta poderosa para a caraterização de variedades, utilizada de forma rotineira atualmente, não é tão eficaz para descobrir diferenças genéticas entre clones de videira (Imazio et al. 2006).

Entre os produtores, bem como no mercado, é frequentemente referido como clones de

as famosas variedades herzegovinianas Zilavka, Blatina e Krkosija. A variedade Zilavka é considerada como tendo clones zilavka zuta (amarela), zilavka zelena (verde) e, por vezes, até zilavka antiga e zilavka brocanska (do lugar Brotnjo), e clones diferentes (Tarailo, 1991). A Blatina é descrita como Blatina velha e Blatina.

A variedade Krkosija é considerada como tendo quatro clones: supljica (a que tem muitos buracos devido à má fertilização), pticarka, biserka, bijela (a branca). Embora tenha sido efectuada investigação sobre os clones destas variedades, não existem clones oficialmente reconhecidos.

Inventário e manutenção das castas

É quase diário ouvirmos falar de espécies animais e vegetais em perigo de extinção, extintas ou desaparecidas, não só nos meios de comunicação social mas também nas conversas do dia a dia. Termos como biodiversidade ou vulnerabilidade biológica tornaram-se geralmente conhecidos. A agricultura intensiva e a seleção natural e artificial conduziram a um estreitamento da chamada agro-biodiversidade, ou seja, a diversidade de variedades e populações dentro de uma espécie. Particularmente vulneráveis são as antigas populações locais ou cultivares, os ecotipos e as populações cujas sementes e materiais de plantação não são produzidos e distribuídos comercialmente. Uma vez perdida, a variedade não pode ser reconstruída. Por conseguinte, estão a ser feitos esforços para preservar ou manter variedades e populações, identificando-as e descrevendo-as, recolhendo sementes ou estacas e preservando-as em condições especiais, quer em salas climatizadas quer em colecções de campo de espécies lenhosas. Estas colecções de sementes e de materiais de plantação não incluem apenas as antigas variedades ameaçadas de extinção, mas também as variedades comerciais atualmente em cultura ou utilizadas para criar novos materiais.

Diferentes organizações actuam no mundo, convenções internacionais estão a ser assinadas e quase todos os Estados têm os seus próprios regulamentos e colecções para a preservação e manutenção dos recursos genéticos vegetais. Os dados das colecções devem ser públicos, disponíveis para fins científicos e profissionais, com a possibilidade de utilizar e trocar os materiais para fins de utilização, preservação, manutenção, difusão e gestão da biodiversidade vegetal. Na década de 1970, os peritos da OIV e do IBPGR reconheceram a vulnerabilidade das espécies e variedades do género *Vitis* e chamaram a atenção para a urgência de criar colecções e para a necessidade de cooperação internacional na sua descrição, avaliação e livre troca de materiais (Detteweiler, 1990). Isto foi aceite por institutos, universidades e organizações científicas e profissionais, que estabeleceram plantações de colecções de videiras, trabalhando na especificação e normalização das descrições varietais. Graças a estes esforços, o catálogo internacional de variedades e espécies do género Vitis está agora disponível ao público e pode ser visitado e acompanhado em linha desde 1996 (Vitis International Variety Catalogue (VIVC)http://www.vivc.de/). A base de dados europeia para as espécies de *Vitis* (European Vitis Database ECVD http://www.eu-vitis.de/index.php) foi lançada posteriormente e contém informações úteis sobre a forma de descrever as espécies, os descritores a utilizar, listas de instituições que possuem atualmente colecções na Europa e respectivos contactos, bem como instruções para a utilização da base de dados. A base de dados oferece várias opções de pesquisa e respectivas combinações, consoante as necessidades dos investigadores. Em 2012, a base de dados europeia continha mais dados do que a base de dados internacional (Maul, 2012). Em abril de 2012, a base continha 31 856 adesões (amostras), 9 944 das quais foram confirmadas como sendo verdadeiras para o tipo 1 489 eram adesões únicas.

Um catálogo pesquisável de colecções de campo de vinha na Europa, denominado EURISCO (European Internet Search Catalogue -

http://eurisco.ecpgr.org), foi criado ao mesmo tempo no âmbito do projeto EPGRIS financiado pelos fundos da UE. A base e o EURISCO utilizam os descritores FAO/Bioversity Multi-Crop Passport Descriptors (MCPD V.2), que é a norma internacional para a gestão de germoplasma e o intercâmbio de dados (Maul et al., 2012). Quarenta e oito descritores da lista de videiras da OIV são utilizados para descrever e avaliar os acessos (OIV 2009). São criados descritores especiais para avaliar variedades vulneráveis e esquecidas pelos viticultores em vinhas mais pequenas ou em quintais. Para além da descrição geral da casta, incluem a descrição da vinha, as propriedades morfológicas, agronómicas e enológicas e os resultados dos testes públicos de vinhos (Maul et al., 2012).

O programa europeu de gestão dos recursos genéticos e conservação da vinha inclui também o inventário das populações da videira selvagem *V. vinifera sylvestris*. Em oito países (Áustria, França, Geórgia, Itália, Alemanha, Portugal, Eslováquia e Espanha) foram encontradas e marcadas coordenadas GPS de 189 locais, que foram registados, com uma média de 8,2 plantas por local.

A Bósnia e Herzegovina está a participar nestes programas. No entanto, ainda não existe uma única coleção do nosso país registada na base europeia, embora estejam presentes algumas das variedades que são mantidas em colecções na Europa.

É importante para o futuro da viticultura na Bósnia e Herzegovina estabelecer uma coleção ampelográfica das variedades autóctones e domesticadas existentes, como base para uma identificação e avaliação fiáveis e uma proteção sistemática contra a erosão do germoplasma, mas também como base para o estabelecimento de plantações-mãe de alta qualidade; trabalhar na descrição sistemática das variedades de acordo com descritores adequados, na classificação das variedades, na utilização de marcadores moleculares na identificação, na reconstrução da origem, na determinação da filiação com a variedade, na criação de bases de dados de materiais existentes. A Faculdade de Agricultura e Tecnologia Alimentar da Universidade de Mostar estabeleceu a sua coleção de variedades de uvas autóctones e domesticadas que são cultivadas na Herzegovina. Todos os materiais são recolhidos num único local, a fim de evitar efeitos ambientais na determinação de propriedades na descrição das variedades. Está em curso o trabalho de descrição ampelográfica das variedades e todas elas são também caracterizadas com marcadores SSR. A coleção tem por objetivo preservar o património genético das vinhas da Herzegovina. As variedades estão representadas com cinco videiras em quatro repetições cada, distribuídas num desenho de blocos aleatórios que permite experiências. Para além de ser um banco de genes de videiras, a coleção tem também fins científicos e de investigação, bem como fins educativos para os estudantes da faculdade que preparam teses de licenciatura e finais.

Na Bósnia e Herzegovina existem duas instituições que se ocupam da preservação e manutenção dos recursos fitogenéticos, o que inclui a preservação e manutenção das castas autóctones. Em 2004, o Ministério do Comércio Externo e das Relações Económicas nomeou a Faculdade de Agricultura de Sarajevo como o principal organismo responsável pelas actividades de recolha, armazenamento e manutenção dos recursos fitogenéticos na Federação da Bósnia e Herzegovina e, em 2008, foi fundado em Butmir o Centro de Recursos Fitogenéticos, instituição responsável pela manutenção dos recursos fitogenéticos. Na República da Srpska, o Instituto dos Recursos Genéticos foi criado em 2009 na Universidade de Banja Luka como unidade profissional para a coordenação da execução de programas no domínio da preservação dos recursos fitogenéticos. A plantação de coleção de variedades de uvas autóctones em Rodoc, perto de Mostar, pode ser um banco de genes tanto a nível federal como estatal. Em 2014, o Instituto de Recursos Genéticos da República da Srpska estabeleceu uma plantação de coleção de videiras em Trebinje, na qual também serão mantidas variedades autóctones de videiras para as necessidades da República da Srpska.

Porta-enxertos de videira

Mladen Gaspar

Em termos de plantações no território da Europa, a cultura da vinha pode ser dividida cronologicamente em dois períodos em que o aparecimento da filoxera (*Phylloxsera vastatrix*) constitui um ponto de viragem. Até ao aparecimento da filoxera, a vinha doméstica (europeia) era cultivada com as suas próprias raízes. A sua reprodução era feita vegetativamente, através da plantação de estacas maduras num local fixo ou através de estacas maduras enraizadas - korjenjaks - cultivadas em viveiros.

Ao parasitar as raízes das videiras locais, a filoxera destruiu, no final do século XIX e início do século XX, a viticultura europeia e alterou o método de produção de material de plantação. Começaram a enxertar em videiras americanas resistentes à filoxera e que, como tal, assumiram o papel das raízes da videira. Ao resolver os problemas da filoxera da forma descrita, foram identificados outros problemas associados à combinação de vinhas americanas e europeias, tais como a adaptação a diferentes condições do ecossistema, o que acaba por resultar numa maior ou menor qualidade das uvas ou dos vinhos.

Figura 80. Enxertia

A introdução, a hibridação e a seleção no seio das espécies de vinha americanas foram então iniciadas com o objetivo de encontrar os porta-enxertos mais adequados às condições ambientais específicas. As plantações de vinha americana surgiram em todas as zonas vitícolas e a produção de enxertos em viveiro desenvolveu-se.

Os primeiros viveiros da nossa região foram criados no início do século XX.

Características importantes dos porta-enxertos

O cruzamento de espécies americanas, bem como de híbridos de castas americanas e europeias, e de híbridos complexos, deu origem a numerosos porta-enxertos de videira que ainda hoje são utilizados. A seleção de porta-enxertos não se limitou à resistência à filoxera, mas a investigação prosseguiu para uma série de outros objectivos, como a tolerância à cal fisiológica, a absorção de nutrientes, o enraizamento mais fácil, a tolerância à seca e a resistência aos nemátodos.

Na seleção de porta-enxertos, é possível cometer erros graves se os valores e as propriedades dos porta-enxertos não forem previamente examinados. Um exemplo típico é a degradação do porta-enxerto *Aramon* x *Rupestris* Ganzin n.º 1, que foi aplicado em 60% das vinhas da Dalmácia na primeira renovação das vinhas. Seguindo o exemplo da Dalmácia, este porta-enxerto foi utilizado em 25% dos enxertos na primeira renovação na Herzegovina. Este porta-enxerto demonstrou uma compatibilidade muito boa com quase todas as variedades de vinhas nobres, tinha um sistema radicular forte e, por conseguinte, era vigoroso. Graças a estas características, satisfazia plenamente as exigências dos viticultores e a sua utilização maciça começou na renovação das vinhas. Mas depressa se descobriu que este porta-enxerto não era totalmente resistente e que as videiras nele plantadas se degradavam ao fim de algum tempo. Por conseguinte, este porta-enxerto foi completamente abandonado desde 1931 (McCarty, 1955), tendo sido utilizados outros porta-enxertos, testados em solos e locais específicos e resistentes à filoxera.

As principais fontes de resistência à filoxera são as espécies: *Vitis riparia, Vitis rupestris, Vitis berlandieri*, e os melhores porta-enxertos actuais são principalmente híbridos das espécies acima referidas, híbridos com *Vitis vinifera* e híbridos complexos.

As características que um porta-enxerto deve satisfazer são

- elevada resistência à filoxera e aos nemátodos;

- tolerância a elevados teores de cal e sal no solo;

- adaptabilidade às condições ambientais (clima, solo);

- boa fusão com diferentes variedades - compatibilidade;

- boa capacidade de enraizamento;

- tolerância aos défices de minerais (potássio, magnésio, zinco);

- resistência a pragas e doenças;

- elevada produção de massa de enxerto sem grande intervenção;

Figura 81. Plantação de videira

Recentemente, tem-se prestado muita atenção à resistência dos porta-enxertos aos nemátodos e aos vírus. A principal fonte de trabalho de melhoramento nesta direção é a espécie *Vitis champinii*.

Apresentamos aqui uma revisão dos porta-enxertos de videira mais importantes no mundo e na nossa região. Estão divididos em quatro grandes grupos:

- Espécies americanas do género *Vitis* e suas selecções,
- Híbridos americano-americanos,
    - Híbridos europeu-americanos,
    - híbridos complexos

Descrição dos porta-enxertos

Vitis berlandieri* x *Vitis riparia

420, A Millardet e de Graset

Kober 5 BB

SO4, Oppenheim 4

Teleki 5 C

Teleki 8 B

Kober 125, AA

161 - 49, Couderc

157 - 11, Couderc

34 EM, Escola de Montpellier

225, Ruggeri

Porta-enxertos provenientes do cruzamento *Vitis berlandieri* x *Vitis rupestris*

99, Richter

110, Richter

1103, Paulsen

140, Ruggeri

57, Richter

770, Paulsen

775, Paulsen

779, Paulsen

1447, Paulsen

17-37, Millardet e de Graset

Porta-enxertos provenientes do cruzamento *Vitis riparia* x *Vitis rupestris*

101 - 14, Millardet e de Graset

3309, Couderc

3306, Couderc

Schwarzmann

Porta-enxertos provenientes do cruzamento *Vitis vinifera* x *Vitis berlandieri*

41 B, Millardet e de Graset (híbrido Chasselas x v.berlandieri)

333 EM, Ecole de Montpellier (híbrido Cabernet Sauvignon x v.berlandieri)

Híbridos complexos

1616, Couderc (híbrido v.*solonis* x v.*riparia*)

Fercal, (híbrido (v.*berlandieri* x Colombard) x 333 EM)

Para além dos porta-enxertos acima mencionados que têm sido utilizados atualmente no nosso país e no mundo (cerca de 20 porta-enxertos), tomaremos nota de vários porta-enxertos mais importantes nas nossas condições.

Figura 82. Viveiro de porta-enxertos de uva em Ravno em vegetação e dormência

Grupo *Vitis berlandieri* x *Vitis riparia*

Os porta-enxertos deste grupo têm uma boa compatibilidade e um bom enraizamento. Toleram 16 - 25% de cal fisiologicamente ativa e 30 - 50% de cal total. O seu vigor varia consoante as cultivares. Conduzem a rendimentos regulares e a uma boa maturação das uvas. Têm necessidades diferentes em termos de solo.

Kober 5 BB - O porta-enxerto isolado por seleção a partir da descendência do porta-enxerto Teleki 5a em Nussberg (Áustria) em 1920. Em muitos países é considerado um porta-enxerto universal, e na nossa região esteve presente em mais de 95% até há pouco tempo. É bastante vigoroso e tolera bem a cal fisiologicamente ativa (até 20%) e a cal total (60%). Tem uma boa tolerância aos solos subaquáticos, é compatível com a maioria das castas e tem um excelente enraizamento, pelo que as castas de mesa sobre este porta-enxerto têm colheitas regulares e abundantes. Tem um ciclo vegetativo curto, pelo que é adequado para as regiões setentrionais. Desenvolve um grande número de rebentos e laterais. Boa adaptação a vários tipos de solos. Suscetível à seca. Muito resistente aos nemátodos. Propensa à queda de flores com adubações pesadas de azoto. Boa absorção de fósforo do solo, absorção média de potássio e magnésio. Já não deve ser aceite como universal nas nossas condições (Herzegovina) porque existem outros porta-enxertos que têm melhores características para alguns dos nossos terrenos (não é para solos secos, rochosos e pobres).

161-49 Couderc - Foi desenvolvido em Aubenas (França) em 1888. Foi introduzida na produção em 1939. Raramente se encontra na nossa região. Não tolera a seca e é suscetível aos nemátodos. Porta-enxerto muito vigoroso, com boa maturação da árvore e com efeito positivo no rendimento e na qualidade das uvas. Tolera até 25% de cal fisiologicamente ativa e até 50% de cal total no solo. Absorção média de fósforo e potássio, e boa absorção de magnésio do solo. Em viveiro, proporciona uma boa produção de estacas.

A Teleki 4B - SO4 foi selecionada em Oppenheim (Alemanha) a partir da população *Berlandieri* x *Riparia* Teleki 4B. Difundida em quase todos os países vitivinícolas do mundo. A sua árvore e as suas uvas amadurecem mais cedo, até duas semanas antes da Kober 5 BB. Ideal para as zonas continentais mais frias, onde força a maturação das uvas, mas também na criação de uvas de mesa (colheita mais precoce). Tem um efeito muito bom na acumulação de açúcar no mosto. O seu vigor é baixo a médio. Adequada para plantações densas, mais de 5000 videiras por hectare. Muito resistente às baixas temperaturas. Desenvolve um sistema radicular forte e bem distribuído. Muito resistente aos nemátodos. Suscetível à seca. Tolera 17-18% de cal fisiologicamente ativa e 40-45% de cal total. O seu enraizamento e compatibilidade são bons. Boa absorção de fósforo do solo, média de potássio, baixa absorção de magnésio.

Figura 83. Plântulas de videira

Grupo *Vitis berlandieri* x *Vitis rupestris*

Os porta-enxertos deste grupo têm bom vigor, toleram bem a seca e toleram moderadamente a cal no solo. Têm um período vegetativo mais longo e não são adequados para as zonas setentrionais e para as cultivares mais tardias. Toleram 16 - 30% de cal fisiologicamente ativa. Têm um bom enraizamento.

Os melhores para as zonas quentes, para os solos secos rochosos e arenosos (Herzegovina, Dalmácia), nomeadamente Richter 109, Richter 110, Ruggeri 140 e 1103 Paulsen. Todos estes porta-enxertos estão plantados no viveiro de porta-enxertos do Instituto Federal Agromediterrânico de Mostar, em Ravno. Para além destes porta-enxertos, estão plantados no viveiro três outros porta-enxertos: Kober 5BB, 161-69 Couderc e 41B.

Richter 99 - Este porta-enxerto tolera até 17% de cal fisiologicamente ativa no solo. É um porta-enxerto muito vigoroso e suporta formas de crescimento bem altas e fortes. Este porta-enxerto é bom para solos areno-argilosos moderadamente secos, permeáveis, medianamente ricos e moderadamente calcários. É medianamente resistente à seca, muito resistente aos nemátodos, resistente às baixas temperaturas. Tem um período vegetativo longo, não tolera os solos húmidos. O seu enraizamento é mais fraco. Boa absorção de fósforo e potássio do solo, absorção média de magnésio.

110 Richter - Excelente porta-enxerto de videira que se adapta bem a quase todos os solos e posições adequados para a cultura da uva. Combina bem com as castas de uvas de mesa e tem um efeito muito benéfico no rendimento e na qualidade, bem como uma maturação um pouco mais precoce. Este porta-enxerto é vigoroso, tolera bem a seca e a cal ativa até 18% e a cal total até 40%. É medianamente sensível aos nemátodos e muito sensível à humidade excessiva do solo. Tem melhor enraizamento do que a Richter 99. Absorve bem o fósforo e o potássio do solo, mas tem baixo teor de magnésio. Recentemente considerado como um dos melhores porta-enxertos para solos secos, pobres e rochosos da Dalmácia e Herzegovina.

1103 Paulsen - Um porta-enxerto de videira muito bom que favorece solos médios-pesados e pesados, moderadamente calcários (até 20-35% de cal ativa, até 60% de cal total) e também solos ligeiramente mais húmidos, mas não excessivamente húmidos. Apresenta uma boa compatibilidade com várias cultivares, e é especialmente bom em vinhas com formas de crescimento fortes. Este porta-enxerto é muito vigoroso e tolera melhor os solos salinos do que os outros. Começa mais cedo e é um excelente porta-enxerto para o clima mediterrânico seco. É um dos melhores porta-enxertos para o cultivo de variedades de uvas de mesa, contribuindo também para uma maturação mais precoce das uvas. A percentagem de enraizamento é de cerca de 50%. Em viveiro, produz de 45 a 75.000 estacas de primeira qualidade.

Tolera bem a seca e é resistente aos nemátodos. Absorve bem o fósforo e o magnésio do solo, mas tem baixo teor de potássio.

140 Ruggeri é um porta-enxerto muito adequado para solos menos férteis, secos, rochosos e pobres (Dalmácia e Herzegovina). Combina bem com várias cultivares e, em terrenos adequados, tem um efeito favorável no rendimento e na qualidade das uvas. Este porta-enxerto é vigoroso, tem uma excelente tolerância ao solo calcário, de acordo com alguns autores 30-70% da cal total, tolera muito bem a seca, mas tem uma baixa tolerância à humidade no solo. Num viveiro, a produção de estacas de primeira classe varia entre 60.000 e 80.000 enxertos de primeira classe. Boa absorção de magnésio do solo, média de fósforo e baixa de potássio.

Grupo *Vitis riparia* x *Vitis rupestris*

Os porta-enxertos deste grupo herdaram da *V. riparia* um bom enraizamento, um vigor e um rendimento moderados, e da *V. rupestris* a resistência à seca e a uma certa quantidade de calcário no solo. Têm boa compatibilidade e são adequados para vários tipos de solo. A sua desvantagem é a baixa tolerância à cal.

O 3309 C é um porta-enxerto de vigor médio, adequado para solos férteis e frescos que não tenham mais de 10% de cal ativa no solo. Tolera solos ligeiramente salinos, é sensível à humidade do solo, aos nemátodos e à seca. Baixa absorção de fósforo e potássio do solo, absorção média de magnésio.

101-14 Milllardet et de Grasset é caracterizada por uma vegetação curta, o que facilita a maturação mais rápida das uvas. Favorece os solos que têm menos de 10% de calcário ativo e até 20% de calcário total. Proporciona bons rendimentos de estacas em viveiro e tem um bom enraizamento. Este porta-enxerto não está presente na Herzegovina, mas está disseminado nas vinhas da região vitícola de Ukrina, em redor de Prnjavor, no norte da Bósnia.

Grupo *Vitis vinifera* x *Vitis berlandieri*

Este grupo contém híbridos de variedades europeias de videira com o grupo *berlandieri*. Os porta-enxertos mais importantes deste grupo são o **41 B** e o **333 EM,** conhecidos sobretudo pela sua resistência à cal no solo.

Chasselas x Berlandieri 41 B - Porta-enxerto de vigor médio que prefere solos férteis, moderadamente húmidos. Tolera até 40% de calcário fisiologicamente ativo e 70 - 75% de calcário total. Não se adapta a solos secos, salinos ou muito húmidos. Utilizada para solos muito cretáceos. O enraizamento é fraco. Apenas 30-35% das estacas e enxertos enraízam, o que aumenta ainda mais os custos de produção. É sensível aos nemátodos e medianamente resistente à filoxera. Nos viveiros, requer proteção contra a peronospora. A produção de estacas em viveiro é de 25 a 50.000 estacas de primeira qualidade. Boa absorção de fósforo e magnésio do solo, e baixa absorção de potássio.

Híbridos complexos

Este grupo inclui os porta-enxertos de videira desenvolvidos por cruzamento de três ou mais progenitores de variedades americanas de videiras nobres.

O 1616 Couderc tolera 0,8% de NaCl e 11% de cal ativa. É resistente aos nemátodos e tolerante aos solos húmidos e frescos.

O Fercal é o porta-enxerto mais resistente à cal no solo. É resistente aos nemátodos e não tolera os solos secos. Tolera bem os solos húmidos. É 30% mais resistente à cal em relação ao 41 B, 140 R e 333 EM. Resistente à filoxera. Boa absorção de fósforo e potássio do solo, e média absorção de magnésio. É resistente à carência de magnésio.

Em conclusão, pode dizer-se que os porta-enxertos do grupo híbrido *V. berlandieri* x *V. rupestris se* revelaram especialmente bons nos últimos vinte anos, aproximadamente, em terrenos rochosos recuperados nas zonas de Citluk, Ljubuski e Stolac. Os porta-enxertos deste grupo têm um forte vigor, toleram bem a seca e toleram moderadamente a cal no solo (16-30% de cal fisiologicamente ativa), têm um período vegetativo mais longo e um bom enraizamento no solo. Verificou-se que os melhores dentre eles são **Richter 110**, **Ruggeri 140** e **1103 Paulsen**. Todos estes porta-enxertos foram plantados no viveiro do Instituto Federal Agromediterrânico de Mostar, em Ravno.

O porta-enxerto **Kober 5BB**, do grupo híbrido V. berlandieri x V. riparia, é também muito utilizado nas vinhas da Herzegovina. É um bom porta-enxerto, mas deve ser mais utilizado em solos mais húmidos e profundos dos campos cársicos e em solos aluviais nos vales dos rios. Este porta-enxerto não tolera bem a seca e os solos secos menos férteis sobre rocha. Em terrenos com calcário muito ativo, as vinhas devem ser cultivadas com o híbrido europeu-americano **Chasselas** x **Berlandieri 41 B**, que tolera até 40% de calcário ativo e 70% de calcário total.

Referências

Arhiv HNZ, Seosko nacelstvo Mostar, 1921. - 1940. Izlozba grozda u Mostaru 13., 14. i 15. 9.1930.

Bakula, fra Petar (1871), *Cetiri dila godine*, Brzotisak Antuna Zannoni. Dividir.

Bulic, S. 1949. Dalmatinska ampelografija. Poljoprivredni nakladni zavod, Zagreb.

Buntic, M., Beljo, J., Sabljo, A., Leko, M. 2010. Ampelografska karakterizacija genetskih izvora vinove loze. XXI Naucno-strucna konferencija poljoprivrede i prehrambene industrije, Neum 2010. Zbornik radova str. 139-147.

Carrier, G., Le Cunff, L., Dereeper, A., Legrand, D., Sabot, F., Bouchez, O., Audeguin, L., Boursiquot, J-M., This, P. 2012: Transposable Elements Are a Major Cause of Somatic Polymorphism in *Vitis vinifera* L. PLoS ONE 7(3): e32973. doi:10.1371/journal.pone.0032973.

Cecuk, S. 1955. Podloge u vinogradarstvu. Vinogradarstvo i vinarstvo Hercegovine, Prva hercegovacka izlozba vina, Mostar, 29-38.

Dettweiler E, This P, Eibach R. 2000: Rede europeia de conservação e caraterização dos recursos genéticos da vinha. In: XXVth World Congress on GrapeandWine, Paris, junho de 2000, pp 1-1.

Dexheimer, F. 2011. A Ciência da Ampelografia. Revista Sommelier: 87 - 91.

Forneck, A.; 2005: Melhoramento de plantas: Clonalidade - um conceito para estabilidade e variabilidade durante a propagação vegetativa. In: U. L. K. Esser, W. Beyschlag; J. Murata (Eds): Progress in Botany, 165-183. Springer, Berlim-Heidelberg, Alemanha.

Imazio, S., Labra, M., Grassi, F., Winfield, M., Bardini, M., Scienza, A. 2002: Molecular tools for clone identification: the case of the grapevine cultivar 'Traminer'. Plant Breed. **121**, 531-535.

Knezovic, I. 2011. Primjena ampelografije u identifikaciji sorti vinove loze. Diplomski rad, Agronomski i prehrambeno-tehnoloski fakultet Mostar.

Labra, M., Imazio, S., Grassi, F., Rossoni, M., Sala, F. 2004: Polimorfismo amplificado específico de sequência baseado no retrotransposão *Vine-1* para genotipagem de *Vitis vinifera* L.. Plant Breed. 123, 180-185.

Lacombe, T.; Boursiquot, J.M.; Laucou, V.; Di Vecchi-Staraz, M.; Peros, J.P.; This, P.2012. Análise de parentesco em larga escala num conjunto alargado de cultivares de videira (Vitis vinifera L.) Theoretic Applied

Genetics 126 (2):401-414.

Região da Bósnia e Herzegovina. 1899. Die Landwirtschaft in Bosnien und der Hercegovina. Landesdruckerei Sarajevo.

Leko, M., Zulj Mihaljevic, M., Beljo, J., Simon, S., Sabljo, A., Pejic, I. 2012. Relação genética entre cultivares de videira autóctones na Bósnia e Herzegovina. 23º Congresso Científico Internacional sobre Agricultura e Indústria Alimentar, 27-29 de setembro de 2012 Izmire/Turska. Jornal da Faculdade de Agricultura da Universidade de Ege, Volume II, 479-482.

Lovrenovic, M. 1928. Hercegovacki podrumari su zasluzili bolju buducnost. Vecernja post br.2250.

Maletic E., Karoglan Kontic, J., Pejic, I. 2008. Vinova loza-ampelografija, ekologija, oplemenjivanje. Skolska knjiga, Zagreb.

Martinez, M. C., Grenan, S.; 1999: Um método de reconstrução gráfica de uma folha média de videira. Agronomie 19, 491-507.

Maul, E., Topfer, R. e R. Eibach. 2008. Catálogo internacional de variedades Vitis. http://www.vivc.bafz.de.

Maul, E. 2012. Status of *Vitis* germplasm preservation in Europe in ECPGR Report of a Working Group on Vitis, Second meeting, 18 - 20/9/2012 Siebeldingen, Germany ed., L. Maggioni, J. Engels, J. Ortiz and E. Lipman: 4 - 6. L. Maggioni, J. Engels, E. Maul, J. Ortiz e E. Lipman: 4 - 6.

Mirosevic, N. 2007. Razmnozavanje loze i lozno rasadnicarstvo. Globus, Zagreb.

Neufeld, C. 1901. Die Weine der Herzegovina. Zeitschrift fuer Untersuchung der Nahrungs- und Genussmittel, sowie der Gebrauchsgegenstande, Heft 7 und 8.

Gabinete Internacional da Vinha e do Vinho (OIV). 2009. Lista de descritores da OIV para as castas e espécies de Vitis (2.ª edição).

Roessler, L. 1888. Die Weine der Herzegovina und Bosniens. Mitteilungen der K.k. Chem. physiol.. Versuchstation fuer Wein- und Obstbau in Klosterneuburg.

Sefc, K.M., Pejic, I., E. Maletic, E., Thomas, M.R., Lefort, F. 2009. Marcadores de microssatélites para a videira: Tools for Cultivar Identification & Pedigree Reconstruction (Ferramentas para a identificação de cultivares e reconstrução de linhagens). U: Grapevine Molecular Physiology & Biotechnology, 2.ª edição, Kalliopi A. Roubelakis-Angelakis (ed). Springer Publ., Países Baixos, pp. 565-596.

Stajner, N., Jakse, J., Javornik, B., Masuelli, R. W., Martinez, L. E. 2009. Marcadores AFLP e S-SAP de alta variabilidade para a identificação de clones de 'Malbec'e 'Syrah'. Vitis 48 (3), 145-150.

Stjepanovic, LJ. 1921. Vinogradarstvo i vina Bosne i Hercegovine. Bosansko- Hercegovacki tezak, 2 i 4.

Sulek, B. 1879. Jugoslavenski imenik biloja. JAZU, Zagreb.

Tarailo, R. 1991. Proucavanje populacije sorte zilavka u cilju izdvajanja odlika s najpovoljnijim bioloskim i prirodno-tehnoloskim karakteristikama. Dissertação de doutoramento. Poljoprivredni fakultet Univerziteta Sarajevo.

Tessier, C., David, J., This, P., Boursiquop, J.M., Charrier, A. 1999. Otimização da escolha de marcadores moleculares para a identificação varietal em Vitis vinifera L. Theor. Appl. Genetics, 98:171-177.

CAPÍTULO 8

CARACTERÍSTICAS AMPELOGRÁFICASD DAS VARIEDADES HERZEGOVINIANAS

Jure Beljo, Ana Mandic, Marijo Leko, Goran Cavar

Descrições ampelográficas

Neste capítulo, apresentaremos as características ampelográficas de 30 variedades. Estas incluem principalmente variedades autóctones da Herzegovina e algumas variedades introduzidas de outras áreas que são cultivadas na Herzegovina há muito tempo e que se adaptaram a este clima, pelo que são quase consideradas variedades domésticas. São apresentadas breves descrições das características mais importantes de 17 variedades. Trata-se das variedades brancas Zilavka, Krkosija, Bena, Dobrogostina, Posip bijeli, Zlozder, Podbil e Sljiva bijela, e das variedades tintas Blatina, Trnjak, Plavka, Posip crni, Mala blatina, Surac e Sljiva crna. Além disso, a Alicante bouschet e a Vranac são apresentadas como variedades de origem estrangeira que são maioritariamente cultivadas na Herzegovina. As outras 12 variedades são apresentadas apenas com imagens de rebentos, folhas e cachos. Estas são as partes das videiras utilizadas na identificação das variedades.

As variedades apresentadas tanto nas descrições textuais como nas imagens são as que foram mais ou menos exploradas, e outras variedades ainda têm de ser exploradas e descritas. Isso será possível quando estiverem suficientemente desenvolvidas na plantação da coleção da Faculdade de Agricultura e Tecnologia Alimentar de Mostar. Para a descrição das castas, foram utilizadas as seguintes fontes Viticulture Zoning in SR BiH (Vuksanovic et al., 1977), Atlas of Croatian Viticulture and Winegrowing (Mirosevic et al. 2009), Ampelographic Atlas (Mirosevic e Turkovic, 2003),

Dalmatian Ampelography (Bulic, 1949) e descrições ampelográficas efectuadas na Faculdade de Agricultura de Mostar.

Variedades europeias bem conhecidas, como Chardonnay, Riesling, Pinot blanc, Pinot noir, Cabernet Sauvignon, Syrah, Merlot, bem como algumas variedades croatas, como Grasevina e Plavac mali, foram recentemente cultivadas na Herzegovina e ainda mais na Bósnia. Todas estas variedades são apresentadas por palavras e imagens noutras monografias. As cultivares estrangeiras introduzidas não serão descritas aqui e serão deixadas noutros catálogos.

Zilavka[16]

Sinónimos: Zilavka

---

[16] Foram utilizadas as seguintes fontes para a descrição das castas: Zoning of viticulture of SR Bosnia and Herzegovina, Croatian Atlas of Viticulture and Wine, Ampelographic atlas, Dalmatian ampelography, ampelographic descriptions conducted on the Faculty of Agriculture in Mostar.

mostarska

Origem: Zilavka é uma planta autóctone

Variedade herzegoviniana.

Distribuição: É cultivada em toda a área vitícola da Herzegovina e, em menor grau, na Dalmácia. Foi cultivada na Macedónia e no Kosovo durante a antiga Jugoslávia.

Propriedades botânicas: A videira é vigorosa, o topo do rebento está totalmente aberto. Os pequenos pêlos no topo do rebento são medianamente densos. A posição do rebento na videira é vertical.

Folha de tamanho médio, de forma circular e com cinco lóbulos. As lâminas do seio peciolar sobrepõem-se, mas não totalmente. A base do seio peciolar é em forma de V, mas não limitada pela venação. A face lateral da folha é lisa e de cor verde-clara, e a face posterior é pilosa de cor verde-pálida. Os seios laterais superiores são medianamente recortados. O pecíolo é espesso, de cor vermelho-pálido.

Morfológica e funcionalmente, a flor é hermafrodita. No entanto, por vezes ocorrem anomalias nas flores durante a abertura, e nessas videiras não há fecundação, pelo que é bom enxertá-las.

O bago tem um comprimento médio e uma largura média. A forma da baga é esférica. A cor da pele é verde-amarelada e, à luz do sol, amarelo-dourada. A pele tem veias finas (pequenas veias), daí a teoria de que a variedade recebeu esse nome. Em média, há três sementes numa baga, mas não estão completamente desenvolvidas.

Cacho de tamanho médio e comprimento médio. O pecíolo é curto. O cacho tem uma forma piramidal ou cilíndrica, bastante compacta. Há 1 a 2 asas num cacho.

Características económicas e tecnológicas: A maturação ocorre na terceira época, pelo que se trata de uma variedade medianamente tardia. A fertilização é normal e regular e é uma variedade de rendimento bastante elevado. O teor de açúcar no mosto varia de 19 a 24%. O vinho Zilavka é um vinho de alta qualidade com aroma distinto, de cor verde-amarelada.

Variabilidade intra-variedade: Até à data, não foram extraídos clones desta variedade, embora se observem diferenças nas propriedades morfológicas. Nas primeiras descrições da variedade Zilavka, do final do século XIX, foram registadas duas variações que diferem na cor dos bagos. Numa delas, os bagos são esverdeados (zelenkaste), pelo que a variedade foi designada por zelenka, e na outra os bagos são mais amarelados (zutkast), pelo que a variedade foi designada por zutka. Desde então, os especialistas e os viticultores têm continuado a debater e a duvidar se estas duas variedades são variantes da mesma variedade ou se se trata de uma única variedade com diferenças em função das condições de cultivo, o que foi afirmado em 1904 por Milan Tomic, o então diretor da estação frutícola e vitivinícola de Lastva. Lj. Stjepanovic (1921) escreveu, no entanto, que a cor amarela dos bagos se forma ao sol e a verde à sombra, o que, no entanto, não foi confirmado cientificamente. Tarailo falou mesmo de quatro variações diferentes. A análise de marcadores genéticos mostrou que não há diferenças genéticas entre elas. Mas esta análise com microssatélites foi efectuada em nove loci, enquanto uma diferenciação precisa dos clones exigiria a aplicação de outros sistemas de marcadores de ADN, como AFLP, S-SAP ili SNP.

Krkosija

Sinónimos: Krkosija supljica, Krkosija pticarka; existem outras variedades que tinham o mesmo nome, como Krkosija zuta, Krkosija pirgava ou Biserka, e Bulic mencionou Krkosija bijela e Kratkosija, mas não é certo que se trate da mesma variedade.

Origem: É um
variedade autóctone da Herzegovina.

Distribuição: Espalha-se por toda a Herzegovina, principalmente em torno de Citluk, Ljubuski, Mostar e, atualmente, quase não se encontra na Alta Herzegovina, embora já tenha estado muito presente em Konjic. Está a
espalhar-se por
Trebinje, e pode ser encontrado também na Dalmácia.

Descrição botânica: A videira é de vigor médio, o topo do rebento está dobrado para o lado, a sua cor é verde e é palidamente pilosa. O rebento anual é espesso, estriado, liso, com entrenós de comprimento médio.

A folha é de tamanho médio, de forma cónica a arredondada, com cinco a sete lóbulos, com reentrâncias profundas, arredondadas e com as extremidades principalmente sobrepostas. O seio do pecíolo também se sobrepõe. A face lateral da folha é verde-escura e a face posterior é verde-pálida. As nervuras são bastante marcadas em ambos os lados e de cor verde. A parte superior da folha é ligeiramente pilosa, e muito pilosa na parte inferior. Os dentes são de tamanho médio e rombos, e no início do outono começam a embranquecer, enquanto o centro da folha adquire uma cobertura vermelha.

O pecíolo da folha é curto e de espessura média. É verde e frequentemente revestido de riscas vermelhas longitudinais, salpicadas de sardas de cor fuliginosa.

A flor é bissexual, mas por vezes é acompanhada pela ocorrência de uma anomalia com a abertura de cápsulas florais em forma de estrela, que é responsável pela fertilização inferior e pela frutificação das bagas.

O cacho é de tamanho médio, compacto ou por vezes solto, de forma cónica, com um caule de comprimento médio.

O bago é redondo e, por vezes, ligeiramente achatado. Pele verde-amarelada, de espessura média, moderadamente salpicada de pó, com muitos pontos castanhos. O sumo é incolor, com sabor acre a vinho. Os caules dos bagos estão repletos de verrugas castanhas.

Propriedades económicas e tecnológicas: Amadurece no 3º período, tal como a Zilavka. A fecundação é irregular devido à ocorrência de uma anomalia na estrutura da flor. O seu rendimento não é seguro devido à mistura de diferentes tipos. É favorável à poda curta, mas a poda mista e a propagação da vinha também são adequadas. Gosta de solos porosos e suficientemente húmidos, como os solos de terra rossa de Brotnjo, Dubrava e arredores de Ljubuski. Não tolera a seca nem solos demasiado finos. Em solos mais férteis, dá uvas com mais açúcares e ácidos.

A variedade é muito abundante em açúcar e tem mais ácidos do que a Zilavka. Dá um vinho de cor amarelo-esverdeada, com bastante álcool, com bom extrato, mas sem sabor. Numa composição varietal pura, a sua qualidade não é boa, mas combina bem com a Zilavka.

Variabilidade intra-variedade: É uma variedade muito heterogénea, porque tem vários tipos. As referências referem três variantes: Krkosija supljica, mala e velika pticarka. No entanto, não se procedeu à seleção de clones.

Bena

Sinónimos: Benac

Origem: A sua origem

desconhecido e é

considerado um

autóctone

Variedade herzegoviniana

Descrição botânica: Videira ligeiramente mais fraca do que em Zilavka. O rebento tem uma espessura média, é plano, liso com pêlos lisos, de cor amarela escura.

A folha é de tamanho médio, com cinco lóbulos, com reentrâncias que atingem o meio das lâminas e na base são atrofiadas. O seio do pecíolo é aberto em forma de V, muitas vezes fechado, mas não sobreposto. A lâmina é dura e espessa, sendo áspera na face anterior e pilosa apenas nas nervuras. As nervuras são verdes em ambas as faces, os dentes são finos e rombos. O bordo da folha é dobrado para baixo.

Morfológica e funcionalmente, a flor é hermafrodita.

O cacho é grande, ramificado, solto, piramidal, geralmente com uma asa. O caule do cacho é curto e lenhoso.

Os bagos são grandes, alongados ou oviformes, lisos e etéreos, de cor amarela dourada, com pele mais fina do que em Zilavka. A polpa é doce, sem aroma, com 1 a 2 sementes. Os bagos desprendem-se muito facilmente, mesmo quando são ligeiramente agitados, o que constitui a sua principal desvantagem.

Propriedades económicas e tecnológicas: Rejuvenesce na primeira quinzena de setembro. A fertilização é normal e regular. Variedade para zonas mais quentes, muito resistente ao míldio e ao oídio. O rendimento é bom com podas curtas. É mais resistente do que a Zilavka, pelo que pode ser cultivada em locais mais pobres e desfavoráveis.

O mosto contém 16 - 22% de açúcares e 4,9 - 7,8% de ácidos totais. A qualidade do vinho é média, porque contém menos álcool do que a Zilavka. A Bena não tem o sabor delicioso da Zilavka e da Krkosija e, como variedade de vinho, é inferior a estas, mas pode ser misturada com estas duas variedades. Também pode ser utilizada fresca.

Variabilidade intra-variedade: Não há informações sobre a variabilidade intra-variedade.

Dobrogostina

Sinónimos: Tobolusa e, de acordo com Bulic, é também designada por Trbljan bijeli e Dragobostina. No entanto, a análise dos marcadores genéticos demonstrou que a Dobrogostina e a Trbljan não têm qualquer semelhança genética.

Origem: Desconhecida, pode ser da Herzegovina ou da Dalmácia.

Distribuição: É cultivada em toda a Herzegovina e na Dalmácia. Costumava ser cultivada em grande escala na zona de Konjic, sob o nome de Tobolusa.

Descrição botânica: A videira é medianamente desenvolvida e medianamente vigorosa. A parte superior do rebento verde é fina, curvada, lanosa e claramente verde.

Folha de tamanho médio a grande, arredondada ou oblonga, com cinco a sete lóbulos, face verde e nua, e face dorsal um pouco lanosa, seios peciolares muito abertos e laterais fechados. Os dentes são grandes e compridos.

Morfológica e funcionalmente, a flor é hermafrodita.

O cacho é grande, pesado, por vezes com mais de um quilo, piramidal, solto ou medianamente compacto, de caule grosso e lenhoso.

Bagas desiguais, mas na sua maioria grandes e algumas médias, redondas, de cor verde-amarelada, opacas, macias e sumarentas, de pele fina.

Propriedades económicas e tecnológicas: Requer solos profundos e moderadamente húmidos. O mais adequado é a poda curta e o crescimento baixo, mas também o crescimento alto em latada. Não é muito sensível às doenças. Pertence às variedades mais produtivas. Como os seus bagos são grandes e cheios de sumo, e a cutícula é fina, em anos húmidos e chuvosos partem-se facilmente. Amadurece no 4º período.

As uvas são boas para consumo como variedade de mesa, mas não podem ser conservadas durante muito tempo. No passado, grandes quantidades de Konjic eram vendidas na Bósnia como uvas de mesa. O mosto contém uma média de 16-19% de açúcar e 6-8% de ácidos totais. O vinho é medianamente forte, com 9 a 11% de álcool e muito harmonioso.

Variabilidade intra-varietal: Foram observados alguns tipos diferentes, mas não foi efectuada uma seleção clonal.

Prosip bijeli

Sinónimos: Posip bijeli

Origem: A variedade é originária da ilha de Korcula, tendo sido desenvolvida a partir de um cruzamento espontâneo entre a Bratkovina bijela e a Zlatarica blatska bijela (Piljac et al., 2002).

Distribuição: Em menor escala cultivada em todo o país

Herzegovina, e outrora estava particularmente difundida na região vinícola de Jablanica.

Propriedades botânicas: Videira de vigor médio, com vegetação média e rebentos fortes. Extremidade do rebento pouco curvada, nua, uniformemente verde. Folha pentagonal, média ou pouco denteada, com 3 a 5 lâminas. Pecíolo nu e muito curto; face nitidamente verde, lisa, brilhante e nua; face dorsal também nua; seio peciolar retangularmente aberto; dentes desiguais,

281

de comprimento médio, muito afiados.

A flor é funcionalmente feminina, o pilão é normal, mas a resistência é reduzida e diminuída.

Cacho médio e bastante grande, piramidal, ramificado e solto, com duas a três asas em longos caules suspensos.

Os bagos são médios ou maiores, ovados e pontiagudos, amarelos, transparentes, de pedúnculo fino e comprido. A pele é fina, abundantemente pulverulenta, semitransparente, carnuda, com polpa sumarenta e doce, de delicioso aroma varietal específico.

Propriedades económicas e tecnológicas: Cresce melhor em locais protegidos dos ventos, porque não só os seus rebentos, mas também as uvas e as folhas partem-se facilmente. Não tolera solos e posições húmidas, pois é excecionalmente sensível à peronospora. Necessita de um crescimento rasteiro e de uma poda curta, mas também tolera a poda para trabalhos em latada.

Fecundação essencialmente regular. A maturação ocorre no 2º período. Dependendo da posição, da carga e da tecnologia de cultivo, o açúcar pode variar de 17 a 25% e os ácidos totais de 6,0 a 8,5 g/l. O Posip é um dos vinhos de maior prestígio do sul da Croácia, e o seu cultivo começou recentemente também na Herzegovina. O vinho é delicado, de cor amarelo-esverdeada, com um aroma agradável e reconhecível.

Zlozder

Sinónimos:

Origem: Iti s considerada autóctone

Variedade herzegoviniana.

Distribuição: Atualmente, pode ser encontrada em vinhas mais velhas e em latadas na

Região vinícola de Mostar.

Propriedades botânicas: A videira é vigorosa, a parte superior do rebento é aberta e dobrada com uma a duas gavinhas.

Folha de forma cónica com cinco lóbulos, superfície foliar de

Brilho moderado, seio peciolar moderadamente aberto e em forma de U. Os seios laterais são moderadamente recortados.

Morfológica e funcionalmente, a flor é hermafrodita.

Cacho curto a médio, de peso médio, de forma cónica, muito compacto, com uma a duas asas. O caule é curto.

Os bagos têm comprimento e largura médios, peso médio, forma esférica, casca de cor verde, sementes completamente formadas.

Propriedades económicas e tecnológicas: A fertilização é regular e o rendimento é bom. É frequentemente cultivada em latada onde pode durar até ao outono.

O teor de açúcares e ácidos é moderado, mas tem mais ácidos do que o Zilavka.

A variabilidade intra-varietal não é estudada.

Podbil

Sinónimos: Podbjel

Origem: A sua origem é desconhecida e a análise de marcadores genéticos em nove loci SSR mostrou que tem o mesmo perfil que a variedade Zlatarica da Dalmácia.

Distribuição: Em menor escala, cultivada na região vinícola de Mostar.

Propriedades botânicas: Videira moderadamente vigorosa. Os rebentos são abertos, moderadamente curvados com uma a duas gavinhas.

Folha de forma piramidal, com cinco lóbulos, seio peciolar fechado a sobreposto,

Em forma de U. Os seios laterais são moderadamente recortados.

Morfológica e funcionalmente, a flor é hermafrodita.

Cacho de comprimento curto a médio, de peso pequeno a médio, compacto, com uma a duas asas. O caule é curto.

Os bagos têm comprimento e largura médios, forma arredondada, pele verde, sementes completamente formadas.

Propriedades económicas e tecnológicas: A fertilização é regular e boa.

Teor moderado de açúcares e ácidos.

Posto de controlo

Sinónimos:

Origem: Desconhecida

Variedade: É cultivada em menor escala em latada como uva para alimentação, mas também é utilizada para vinho.

Propriedades botânicas: Trepadeira vigorosa, os rebentos são abertos, moderadamente curvados com uma a duas gavinhas.

Folha de forma piramidal, com cinco ou, por vezes, sete lóbulos, com os dentes de ambos os lados verticais e convexos. O seio do pecíolo é muito aberto, em forma de U. Os seios laterais são moderadamente recortados.

Morfológica e funcionalmente, a flor é hermafrodita.

O cacho é de comprimento médio a longo, solto, moderadamente pesado a pesado, de forma cónica e alongada, com duas a três asas. O caule é curto.

Bago moderadamente longo e largo, de forma elíptica.

Propriedades económicas e tecnológicas: Fertilização regular e boa, boa produtividade.

O teor de açúcares e ácidos é moderado. As uvas são utilizadas como alimento, mas também numa mistura de variedades para a preparação de vinho.

Blatina

Sinónimos: Devido ao seu risco na fertilização, é chamada Zlorod (cultura má) ou Praznobacva (barril vazio)

Origem. A Blatina é uma variedade autóctone da Herzegovina. Existem várias hipóteses sobre a sua origem e nome. Alguns pensam que foi cultivada pela primeira vez em Mostar, de onde se espalhou pela Herzegovina e, em parte, pela vizinha Dalmácia. Outros pensam que é originária do vale do Neretva, a partir do

A lama de Neretva (blato) que lhe deu o nome. Há também uma teoria segundo a qual o seu nome se deve à cor excecionalmente escura e lamacenta da pele das bagas.

Distribuição. Está difundida em toda a zona vitícola da Herzegovina como a variedade mais importante de uvas tintas e é cultivada em algumas zonas da Dalmácia que fazem fronteira com a Herzegovina.

Propriedades botânicas. É uma planta trepadeira muito vigorosa, com a parte superior do rebento ligeiramente curvada, de cor verde-rosa, pouco peluda.

Folha grande, com cinco lóbulos, seios profundos e sobrepostos, seios peciolares fechados e sobrepostos. As folhas são verde-escuras, com a face da folha nua e o dorso peludo. As nervuras da base são de cor avermelhada. Os dentes da lâmina são médios e afiados. Pecíolo longo, vermelho, mas mais curto do que a lâmina.

A flor é funcionalmente feminina, o pilão é normal, mas a resistência é reduzida e diminuída.

Cacho de tamanho médio a grande, consoante o sucesso da fecundação. A forma do cacho é cilíndrica e piramidal. É essencialmente solto, mas com uma boa fertilização torna-se compacto.

Os bagos são geralmente grandes, mas num cacho o seu tamanho é frequentemente desigual devido a uma fertilização desigual. São arredondados, com pele fina e lisa. A cor da pele é preta azulada. A polpa é incolor.

Propriedades económicas e tecnológicas: Amadurece no 3º período, adubação irregular devido à estrutura específica da flor. Dependendo da fertilização, o rendimento pode ser muito baixo ou muito elevado. Dá bons resultados se for cultivada em locais quentes e um pouco mais secos.

O mosto contém uma média de 18 - 21% de açúcares, 6 - 7% de ácidos totais. O vinho é de cor vermelha escura, aromático e com um sabor muito agradável, popular e muito apreciado.

Boa compatibilidade com os porta-enxertos utilizados na nossa zona.

Variabilidade intra-variedade: Registam-se algumas diferenças dentro da variedade, mas ainda não foram suficientemente estudadas.

Trnjak

Sinónimos: Trnak, Kovacusa, Rudezusa.

Origem: É considerada uma variedade autóctone da Zagora dálmata, de onde se espalhou para a Herzegovina.

Distribuição: É cultivada nos arredores de Imotski, Vrgorac, Grude, Ljubuski e, atualmente, está a espalhar-se para outras partes da Herzegovina.

Descrição botânica: Trepadeira muito vigorosa. Caule meio aberto e curvado, com uma a duas gavinhas.

A variedade apresenta uma folha arredondada ou alongada, fracamente recortada, em cinco lóbulos, com a face dorsal nua, o seio do pecíolo fechado e em forma de lira. Teças erectas. Pecíolo da folha curto.

Morfológica e funcionalmente, a flor é hermafrodita.

O cacho é de tamanho médio e compacto, de forma piramidal. Apresenta uma a duas asas.

Os bagos são de tamanho médio, arredondados e azuis. A polpa é de cor intensa, pelo que pode ser utilizada como tintureira para a Blatina. Sementes completamente formadas.

Fertilização regular, boa produção. Amadurece na 3ª época

Propriedades económicas e tecnológicas: Os solos do tipo terra rossa, as árvores de altura média e a poda curta são os mais adequados para esta variedade.

Revive bem, a compatibilidade com porta-enxertos como o Kober 5BB é boa.

Tem um elevado teor de açúcares e polpa corada. O vinho é de cor vermelho rubi escuro, forte, encorpado, harmonioso, com aroma agradável.

Variabilidade intra-variedade: Existem diferenças entre tipos dentro de uma mesma variedade. O Veliki Trnjak tem cachos compridos e bagos grandes, enquanto o Mali Trnjak tem cachos mais pequenos e densos e bagos mais pequenos. Não se procedeu à seleção dentro da variedade.

Plavka

Sinónimos: Plavina, Plajka, Plavinac, Modrulj.

Origem: Foi criada pelo cruzamento da casta Crljenak kastelanski (Primitivo/Zinfandel) com a casta italiana Verdeca (Lacombe et al., 2007), mas é considerada uma casta autóctone da região croata do Adriático, de onde foi trazida para a Herzegovina.

Distribuição: Muito difundida na Dalmácia e na Herzegovina é cultivada em graus variáveis em toda a zona vitícola.

Propriedades botânicas: A videira é medianamente desenvolvida e medianamente vigorosa. Os rebentos são finos, de cor cinzenta clara, com pontas violetas. O rebento é vertical e facilmente quebrável.

Morfológica e funcionalmente, a flor é hermafrodita.

A folha é de tamanho médio, redonda, geralmente com cinco lóbulos, mas também pode ter sete lâminas, com seios fechados pouco profundos ou medianamente profundos, fundo agudo e seios peciolares abertos ou sobrepostos de forma elíptica. A face é verde escura e o dorso verde. Os dentes são deformados, sem corte. O pecíolo é frágil e comprido.

Cacho de tamanho médio e medianamente compacto, piramidal ou cilíndrico, raramente com uma asa, cheio.

Os bagos são arredondados ou pouco achatados, de tamanho médio, azuis e na parte fechada do cacho violetas, com pele fina, polpa suculenta e sumo incolor.

Propriedades económicas e tecnológicas: Variedade adaptada a solos profundos, férteis e húmidos. A fertilização é muito boa, de modo que não se desprende mesmo em condições de boa nutrição ou de porta-enxertos muito vigorosos. A maturação ocorre no início do terceiro período.

Favorece o sistema de crescimento baixo ou alto com podas curtas em esporões ou, em circunstâncias especiais de crescimento, com podas mistas com estacas produtivas mais curtas.

O rendimento é regular e muito bom. Açúcar dentro dos limites 16 - 20%, o que depende da posição e da tecnologia de produção, e a acidez total está na faixa de 5,0 a 8,0 g/l.

A resistência às doenças é média, a compatibilidade com todos os porta-enxertos é boa.

O vinho é leve, harmonioso, delicioso, de baixa intensidade, de cor vermelha rubi, enquadrado no tipo de vinhos rosados.

Variabilidade intra-variedade: Observam-se vários biótipos na população de Plavka crna, tais como Plavina mala, Plavina velika, Plavina krhka e Brajdica crna. A seleção é efectuada na República da Croácia.

Prosip crna

Sinónimos: Posip crna

Origem: A sua origem é desconhecida, mas é possível que seja originária da Dalmácia, tal como a Posip bijela. Bulic afirma que é cultivada em Korcula e nos arredores de Kastela, mas não dá qualquer descrição, como faz para a maioria das variedades da Dalmácia.

Distribuição: Costumava ser cultivada na Herzegovina de forma mais extensiva, principalmente na região vinícola de Konjic. Atualmente, só é possível encontrar vinhas em vinhedos antigos.

Propriedades botânicas: O rebento é vertical e totalmente aberto, tem uma a duas gavinhas, a cor das folhas jovens é bronzeada.

A folha tem uma forma circular com sete ou mais lóbulos. Os seios peciolares estão sobrepostos, a base dos seios é em forma de V, os seios laterais são pouco profundos a moderadamente recortados e neles estão presentes dentes. Os dentes são pontiagudos.

A flor é morfológica e funcionalmente bissexual.

O cacho tem um peso pequeno, forma cilíndrica, comprimento médio, compacto, com uma a duas asas.

Os bagos têm um peso pequeno, são curtos e moderadamente largos, de forma elipsoidal, pele cor-de-rosa, sementes completamente formadas.

Propriedades económicas e tecnológicas: Amadurece no 3º período. A fertilização é boa, a variedade é produtiva, mas acontece frequentemente que o cacho contém bagos verdes e imaturos durante a colheita.

Variabilidade intra-variedade: Existe uma variante de rosa Posip com bagas de pele rosada. Mas não foram efectuadas análises genéticas, pelo que não se sabe se se trata de duas variedades ou de duas variantes da mesma variedade.

Mala blatina

Sinónimos: Muitos identificam esta variedade com a Plavka ou a Plavac mali, mas não tem qualquer semelhança morfológica ou genética com estas variedades. O nome da variedade em si também é duvidoso. A folha tem algumas semelhanças com a Blatina, mas tudo o resto é diferente.

Origem. Não se sabe como chegou à Herzegovina, mas é muito provável que tenha sido introduzida durante o período Áustria-Hungria, juntamente com a variedade Alicante Bouschet. A análise de marcadores genéticos em nove loci mostrou que esta variedade tem o mesmo perfil genético que a variedade francesa Grand Noir de la Calmette, que foi desenvolvida através da hibridação das variedades Graciano e Petit Bouschet, de modo que tem um progenitor em comum com a variedade Alicante Bouschet.

Distribuição: Na Herzegovina, é cultivada em menor escala na região vinícola de Mostar, nas localidades de Brotnjo, Mostar, Ljubuski, Capljina e Stolac, e em Mostarsko Blato.

Propriedades botânicas: Trepadeira moderadamente vigorosa. Caule de topo meio ereto com uma a duas gavinhas. Cor da folha bronze na parte superior.

A folha é moderadamente grande, a forma da lâmina é piramidal a pentagonal, a lâmina tem cinco lóbulos. Os dentes de ambos os lados são convexos. Seio do pecíolo aberto, base do seio em forma de lira, seios laterais recortados.

Morfológica e funcionalmente, a flor é hermafrodita.

O cacho é moderadamente longo, medianamente pesado, moderadamente compacto, de forma cónica com uma a duas asas. O caule do cacho é curto.

Os bagos têm um comprimento e uma largura moderados, de forma esférica. Cor da pele vermelha a preta, polpa vermelha.

Propriedades económicas e tecnológicas: Fertilização regular e abundante, boa produção. O mosto contém 18 a 20% de açúcares e uma acidez moderada. Em alguns anos os bagos não amadurecem.

A variabilidade intra-varietal não é conhecida.

Crna de Sljiva

Sinónimos:

Origem: Desconhecida, mas a análise de marcadores genéticos em nove loci mostrou que esta variedade tem o mesmo perfil genético que a variedade Razaklija da Croácia. A variedade Razaklija, da Croácia, tem um perfil genético diferente da variedade Rezakija, da Herzegovina.

Distribuição: É cultivada, em menor escala, na Herzegovina e na Dalmácia, perto da fronteira com a Herzegovina.

Propriedades botânicas: Videira vigorosa, os rebentos são abertos e curvados com uma a duas gavinhas no topo.

Folha de forma piramidal com cinco ou por vezes sete lóbulos. Seio do pecíolo moderadamente aberto e em forma de U. Os seios laterais são moderadamente recortados.

Morfológica e funcionalmente, a flor é hermafrodita.

O cacho é moderadamente longo, de forma cónica e alongada, com duas a três asas, soltas. O cacho pode ser muito pesado.

Os bagos são moderadamente grandes, alongados, de forma elíptica, medianamente pesados, a pele é de cor vermelha escura, a polpa é incolor.

Propriedades económicas e zecnológicas: Fertilização regular, rendimento elevado. É frequentemente cultivada em latada.

O teor de açúcares e ácidos é moderado.

É utilizada como uva de mesa, mas numa mistura de variedades é também utilizada para vinho.

A variabilidade intra-varietal não é estudada.

Surac

Sinónimos: Kadarun, Kadarun suri, Origem: Veio da Dalmácia para a Herzegovina, mas a julgar pelo nome não é de excluir que seja originário da Turquia ou da Albânia (Skadar)

Distribuição: É cultivada em zonas ao longo da costa da Dalmácia, principalmente em Popovo polje e nos arredores de Trebinje.

Propriedades botânicas: Trepadeira de vigor médio. Ponta de rebentos verdes verticais ou pouco curvadas, verde-escuras e lanosas.

Folha média e regular, regular e medianamente recortada, com 5 lóbulos, por vezes também com 7; pecíolo vermelho, ligeiramente lanoso; nervuras também vermelhas, face verde-escura e nua; página posterior bastante lanosa; seio do pecíolo aberto, seios laterais medianamente recortados e abertos, e dentes médios. No outono a folha torna-se amarela, e não vermelha.

Morfológica e funcionalmente, a flor é hermafrodita.

O cacho é médio, de uma só folha, moderadamente compacto.

Os bagos são médios, iguais, arredondados, sumarentos, moderadamente doces; a pele é espessa e seca, de cor preta ou castanha, e alguns bagos são também totalmente verdes, pelo que se distinguem o Kadarun bijeli e o Kadarun suri.

Propriedades económicas e tecnológicas: É cultivada em todos os solos, e o seu crescimento em bifurcação baixa e a poda curta são os mais adequados. Tolera bem a humidade e não se desprende. Atualmente, é mais frequentemente cultivada em latada.

Amadurece na 3ª época.

A uva é inferior para a alimentação e a qualidade do vinho também é inferior, pelo que os habitantes de Dubrovnik lhe chamavam antigamente vinhas selvagens. As uvas das regiões de vale contêm muito pouca cor, pelo que também são utilizadas para a preparação de vinhos brancos.

A variabilidade intra-varietal não é conhecida.

Alicante-bouschet

Sinónimos;   Kambusa,
Kalambusa

Origem; Embora a Alicante bouschet não seja uma variedade autóctone da Herzegovina, na nossa região está tão domesticada que muitas pessoas a consideram uma variedade doméstica. Foi desenvolvida em França, em meados do século XIX, através do cruzamento das variedades Petit bouschet x Grenache. Foi trazida para a Herzegovina durante o período Áustria - Hungria. Começou por ser testada na estação de fruticultura e viticultura de Gnojnice como variedade de apoio e tintureira da Blatina. Quando se verificou que era bem sucedida para estes fins, após anos de testes, foi espalhada pela região.

Distribuição; Foi difundida a partir de França para muitos países onde se cultivavam variedades para vinhos tintos e, na Herzegovina, está disseminada por toda a área como suporte da Blatina.

Propriedades botânicas; A videira é medianamente vigorosa, a parte superior do rebento é peluda e verde esbranquiçada, o rebento anual é de cor castanha amarela e de espessura média.

A folha é de tamanho médio, com três ou cinco lóbulos, de cor verde-escura na face anterior e verde-pálida na face posterior. Na segunda parte da vegetação, a folha adquire uma tonalidade avermelhada, pelo que esta variedade é facilmente reconhecível numa vinha.

A flor é bissexual do ponto de vista morfológico e funcional, pelo que a bouschet de Alicante é utilizada como polinizadora da Blatina quando estão juntas.

Os bagos são de tamanho médio, de forma cilíndrica. A pele é de cor azul escura e o sumo é de cor vermelho rubi.

O cacho é de tamanho médio, medianamente compacto e de forma cónica.

Propriedades económicas e tecnológicas: Amadurece na terceira época, a fertilização é normal e regular. O teor de açúcares do mosto varia de 18 a 22%. A qualidade do vinho é média, muito colorida e bastante seca. A variedade é cultivada apenas como variedade de apoio à Blatina como teinturier e é geralmente recomendada com uma variedade cuja cor precisa de ser intensificada para ser de 5 a 10%.

A variabilidade intra-varietal não é estudada no nosso país.

Vranac

Embora não se trate de uma variedade autóctone da Herzegovina,
incluímos a Vranac nesta lista porque é cultivada há muito tempo na região
de todo o sul da Herzegovina.

Sinónimos: Vranac crnogorski

Origem: Muito provavelmente uma variedade autóctone do Montenegro, de
origem inexplicada. Sabe-se que tem relações estreitas com a variedade
Kratosija (sinónimos:
Zinfandel, Primitivo, Crljenak kastelanski, Tribidrag). É muito
provavelmente descendente desta variedade, mas teoricamente também
pode ser parental.

Distribuição: Na Herzegovina, é cultivada principalmente na área de
Trebinje, mas espalhou-se para outros locais na Herzegovina como
variedade de apoio à Blatina ou para a produção do vinho varietal vranac.
Por outro lado, é a mais difundida no Montenegro e na Macedónia.

Descrição botânica: A videira é muito vigorosa. O topo do rebento é ereto, lanoso, de cor verde amarelada pálida. O rebento maduro é espesso, com entrenós curtos.

Folha de tamanho médio a grande, com cinco lóbulos, fortemente serrilhada. Face nua, verde escura. Dorso grosseiro, nervuras verdes, na face dorsal eriçadas. Seio do pecíolo em forma de V. Pecíolo longo, nu, verde, nalguns pontos vermelho.

Morfológica e funcionalmente, a flor é hermafrodita. O bago é alongado, de tamanho grande ou médio. Pele fina ou medianamente espessa, lisa, sem manchas. Pele de cor negra azulada, rica em cor, polpa também intensamente colorida.

Cacho de forma cilíndrica, de tamanho médio ou grande, solto. Caule longo.

Propriedades económicas e tecnológicas: Fertilização normal e regular, amadurece na 3ª época. Não tolera terrenos baixos ou húmidos, favorece os solos médios calcários. Tem uma boa compatibilidade com os porta-enxertos.

O teor de açúcares varia de 20 a 24%. O vinho tem um sabor agradável, é intensamente colorido e harmonioso.

Variabilidade intra-variedade: A heterogeneidade é observada dentro da variedade e a seleção de clones é efectuada no Montenegro.

ČEVRUŠA

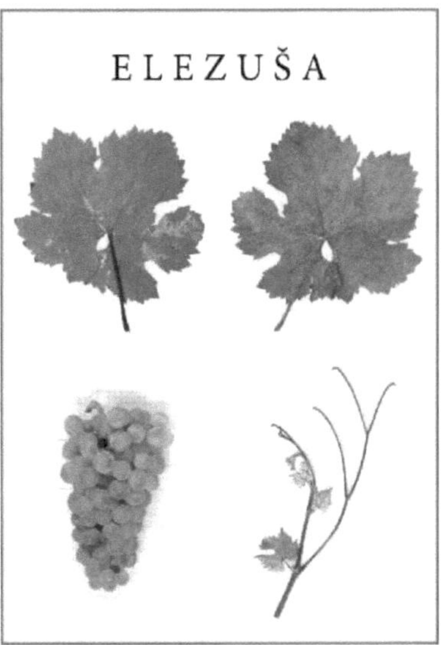

ELEZUŠA

MEDENKA

MENIGOVKA

NADIĐAR

RADOVAČA

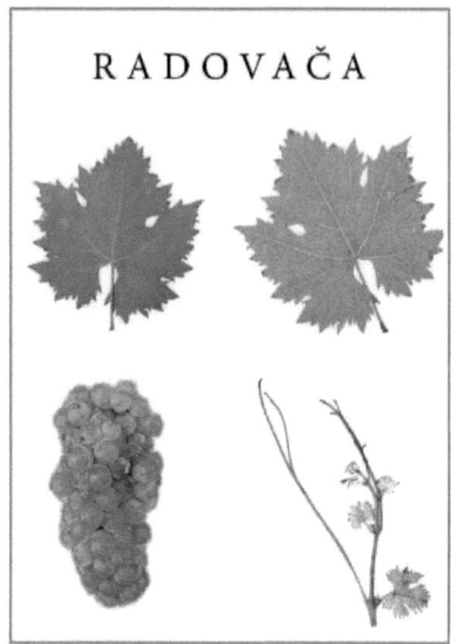

REZAKIJA

UZBRDNJAČA

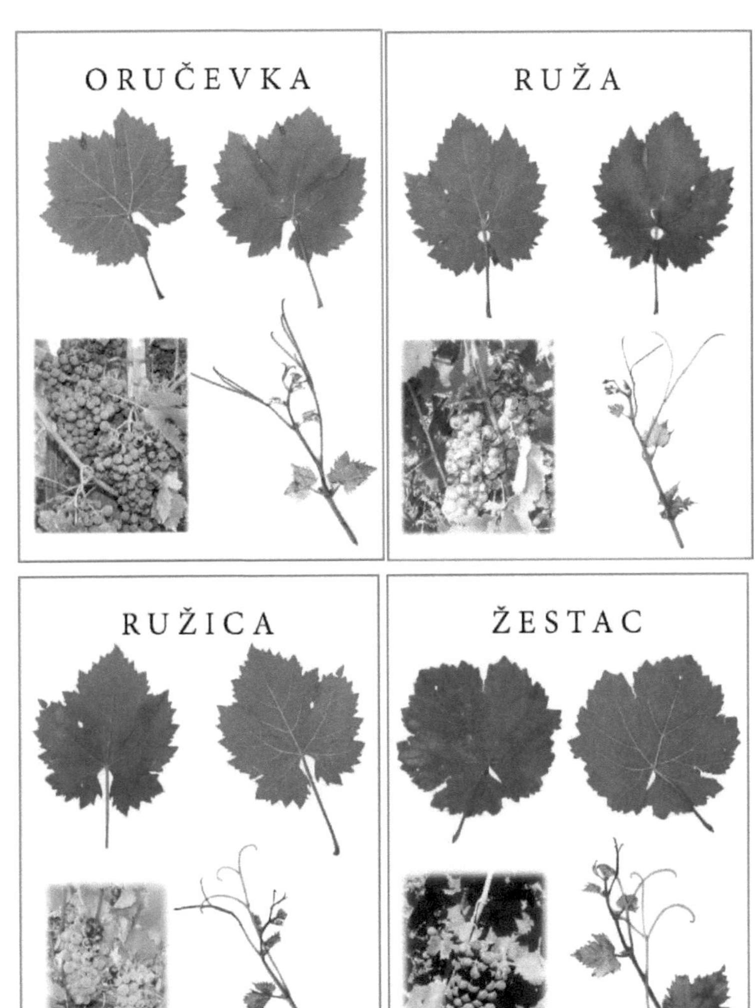

ORUČEVKA
RUŽA
RUŽICA
ŽESTAC

Referências

Bulic, S. 1949. Dalmatinska ampelografija. Poljoprivredni nakladni zavod, Zagreb.

Lacombe, T., Bourisquot, J.M., Laucou, V., Dechesne, E., Vares, D., This, P. 2007. Relações e diversidade genética no âmbito da adesão relacionada com a Malvasia mantida no repositório de germoplasma de uvas do Domaine de Vassal. Am. J. Enol. Vitic. 58(1):124-131.

Mirosevic, N., Turkovic, Z. 2003. Ampelografski atlas. Tehnicka knjiga, Zagreb.

Mirosevic, N. i suradnici. 2009. Atlas hrvatskog vinogradarstva i vinarstva. Golden marketing, Zagreb.

Piljac, J., Maletic, E., Karoglan-Kontic, J., Dangl, G.S., Pejic, I., Mirosevic, N., Mereedith, C.P. 2002. A ascendência da cv. Posip bijeli, uma importante cultivar de vinho branco da Croácia. Vitis 41(2):83-89.

Vuksanovic, P. i suradnici. 1977. Rejonizacija vinogradarstva Socijalisticke Republike Bosne i Hercegovine. Poljoprivredni fakultet Sarajevo.

Printed by Books on Demand GmbH, Norderstedt / Germany